兵法三十六計

守屋　洋

三笠書房

まえがき

『孫子』をはじめとする中国の兵法書は、「戦わずして勝つ」ことを、もっとも望ましい勝ち方であるとみなしてきた。たとえば、『孫子』「謀攻篇」に、「百戦百勝ハ善ノ善ナルモノニアラズ。戦ワズシテ人ノ兵ヲ屈スルハ善ノ善ナルモノナリ」という有名なことばがあるが、これなど、その典型的な考え方であると言ってよい。

なぜ、戦わずして勝つことが望ましいのか。第一に、武力で戦えば、味方も損害を免れない。第二に、今日の敵も明日は味方につく可能性がないではない。

では、「戦わずして勝つ」には、どうすればよいか。二つの方法が考えられる。

一、外交交渉によって相手の意図を封じこめる。

一、謀略によって相手の力を削《そ》ぎ、内部崩壊にみちびく。

要するに、武力ではなく策略で勝つ、「力」ではなく「頭」で勝つ、ということだ。

中国人は、三千年来このような戦い方を心がけ、膨大なノウハウをたくわえてきた。『兵法三十六計』は、いわばそのような智略の集大成なのである。

この本が、いつの時代に、だれによって書かれたのかは明らかでない。今から千五百年ほどまえの歴史を書いた『南斉書《なんせいしょ》』という本に、「檀公《ダンコウ》ノ三十六策、走《ニ》グルヲコレ上計トナス」とあるのが最初の出典らしい。「策」も「計」も同じ意味である。

このことばは、斉《せい》の檀道済《だんどうさい》という将軍が北方の強国である魏《ぎ》の軍と対陣したとき、決戦を避けてもっぱら逃げまわっていたことを批判したものだという。しかし、なかには、軍を全うして帰還した檀道済の戦いぶりを高く評価する声もある。

いずれにせよ『兵法三十六計』という本は、後世の人が檀道済にまつわるこのことばにヒントを得てまとめたものである。内容のうえでは、つぎの特徴をもっている。

一、戦いには法則性がある。すべての策略は、その法則性にもとづいて合理的に追究されなければならない。

一、戦いのノウハウは過去の歴史記述のなかにまとめられている。それを研究することによって、教訓を学びとらなければならない。

一、ここにまとめられている「三十六計」は、指導者たる者の重要な研究課題である。軽視することは許されない。

一、これらの策略を実行に移すさいは、彼我の情況をしっかりと読みとる必要がある。情況を無視してやみくもに適用すれば、失敗を免れない。

一、適用にさいしては、「心を攻め気を奪って」「その勢いを消す」こと、相手の油断を誘い、やる気をなくさせることに主眼をおく。

一、あくまでも法則性にのっとって、ムリのない運用を心がけること。一か八かの冒険は避けなければならない。

一、勝算なしと見きわめたときは、ためらわずに撤退すること。ずるずると泥沼に引きずりこまれそのあげく元も子もなくしてしまうのは、もっとも拙劣な戦い方である。

このように、きわめて柔軟で、ムリのない考え方をしていることがおわかりいただけると思う。したがってそれは、戦争のさいの策略としてだけでなく、経営戦略の指針としても、また、きびしい人生を生きる処世の知恵としても活用できよう。あるいはそこに『兵法三十六計』の最大の魅力があると言ってもよいかもしれない。

本書をまとめるうえで、つぎの二冊の本を参考にした。

『三十六計新編』李炳彦編　戦士出版社／『三十六計』無谷訳注　吉林人民出版社

本書がたんなる知識としてではなく、現代を生きる実践の書として読まれることを願ってやまない。

守屋　洋

総説　現実に立脚せよ

六六三十六、数中ニ術アリ、術中ニ数アリ。陰陽ノ燮理《ショウリ》、機ハソノ中ニ在リ。機ハ設クベカラズ、設クレバ則《スナワ》チ中《アタ》ラズ。

『易《えき》』の太陰六六を乗ずれば、三十六となる。それと同じように、策略の手口も多種多様である。策略は、客観的法則のなかに含まれているものであり、したがって客観的法則にもとづいて行使されなければならない。現実のなかにある矛盾を把握すれば、臨機応変に策略を使いこなすことができる。現実を無視してかかれば、必ず失敗を免れない。

〈解説〉

『孫子』の兵法に、「兵ハ詐《サ》ヲ以《モ》ッテ立ツ」とある。また、諺《ことわざ》にも、「兵ハ詐ヲ厭《イト》ワズ」とある。「詐」とは人をだますこと、つまり敵の判断をまどわし、敵の目をくらますことにほかならない。一般にそれは、策略とか計謀とか謀略などと呼ばれている。

策略の手口は無数にある。そのいずれもが、現実と格闘した先人の経験にもとづいてまとめられたもので、けっして神がかりの奇策といったものではない。

これらの策略を行使するにあたっても、現実を無視することは許されない。あくまでも現実に立脚し、臨機応変に運用してこそ、成功が保証されるのである。

兵法三十六計　目次

第二部　敵戦の計……57

第一部 勝戦の計

自国が優勢な場合でも、勝算我にありと安心してはならない。一瞬の油断がとりかえしのつかぬ敗北を招くのだ。余裕のなかにも慎重に策略をめぐらし、〝安全勝ち〟をねらわなければならない。

第一計　瞞《まん》天《てん》過《か》海《かい》

天を瞞《あざむ》いて海を過《わた》る

備エ周《アマネ》カバ則《スナワ》チ意怠ル、常ニ見レバ則チ疑ワズ。陰ハ陽ノ内ニ在リ、陽ノ対ニ在ラズ。太陽ハ太陰ナリ。

守りが万全であると思えば、どうしても警戒心が薄くなる。ふだん見なれていることには、とかく疑いを抱かなくなる。

人の意表をつくような奇策は、もともと人目につきにくい秘密の場所にしまわれているわけではなく、人目にたちやすい所に隠されているものだ。誰にもそれとわかるような所に、しばしば重大な秘策が隠されているのだ。

〈解説〉

「瞞天過海」とは、カムフラージュ（擬装）の手段を用いて相手をさそい、それにつけこんで勝利を収める策略である。やるぞやるぞと見せかければ、相手も警戒を怠らない。ところが、やるぞというのは見せかけだけで、いっこうに行動を起こさない。これを繰り返しているうちに、やるぞという構えを示しても、相手はまたかと思って警戒しなくなる。そこで、相手の油断をみすまして、一気に叩《たた》く。これが「瞞天過海」である。単純といえば単純な策略だが、たくみに人間心理の盲点を利用しているので、意外に成功する確率が高い。

太史慈の機略

『三国志』の時代、呉《ご》の孫策《そんさく》に仕えた智将に太史慈《たいしじ》という人物がいた。そのかれの若いころの話である。

北海国の宰相の孔融《こうゆう》が、駐屯地の都昌《としょう》で黄巾《こうきん》賊の大軍に包囲されてピンチにおちいるという事件が起こった。太史慈はかつて孔融から深い恩義を受けたことがあったので、さっそく都昌にかけつけて城内にもぐりこみ、孔融に会った。

孔融が語るには、近くの平原国に救援を要請したいのだが、包囲が厳重なので、だれも使者の役を買って出るものがいないのだという。そこで太史慈は、今こそ恩義に報いるときだと思い、すすんで使者の役を買って出た。

さて、太史慈はどんなやり方で厳重な包囲を突破したのだろうか。

かれはまず腹ごしらえをして明け方を待ち、鞭《むち》と弓を手にして馬にとび乗るや、標的をもった騎士二人を従え、城門を開けてさっとばかり外へとび出した。驚いたのは、包囲していた賊の兵士たちである。あわてて馬を引き出し、脱出を阻止しようとした。だが太史慈は悠々と馬から下りて城の側《そば》の塹壕《ざんごう》のなかにはいり、標的を地面につきさすと、のんびり弓矢の練習を始めた。そして、もっていた矢を全部射おわると、また、城内にもどった。

翌朝もまた射撃練習にでかけた。こんどは、賊の兵士のなかには、立ちあがって警戒する者もいれば、横になったまま動かない者もいる。太史慈は悠々と標的を据え、射おわるとまた城内にひきかえした。

三日目の朝、また城外に乗り出した。三回目ともなれば、賊の兵士は「またか」と思い、立ちあがって警戒する者など一人もいない。

太史慈はそれを確認するや、さっと馬に鞭をくれ、一気に包囲網を突破した。

平原国の救援軍がかけつけてきたのは、それから間もなくのことだった。

賀若弼の策略

隋《ずい》の将軍賀若弼《がじやくひつ》も、敵の錯覚を利用して誤った判断を形成せしめ、労せずして敵を破った。時は南北朝時代の末期、隋王朝が陳《ちん》を滅ぼしたときのことである。隋は長安に都し長江以北の地を領有していたのに対し、陳は建鄴《けんぎょう》（今の南京）に都して江南の地を領有していた。したがって、隋が陳を討つためには長江を渡河しなければならない。

隋の将軍賀若弼は渡河作戦を敢行するに先だって、こんな手を使っている。

まず、建鄴対岸の長江沿いに配置した味方の部隊が交替で帰国するさい、必ず歴陽《れきよう》という町の郊外に集めて旗印を林立させ、大軍が集結しているように見せかけた。陳軍はそれを知って、近く隋側の進攻作戦があるものと思い、急遽《きゅうきょ》、動員態勢をととのえて守りを固めた。

だが、いつまでたっても渡河してくる気配はない。

こんなことが、二度、三度と繰り返された。やがて陳側も、それが見せかけだけであることに気づき、その後隋軍の集結を知っても、本気になってそれに備えようとしなくなった。

その結果、やがて隋軍が長江を渡って攻めこんでいったとき、ほとんど組織的な抵抗を受けることなく建鄴をおとしいれた。

七回も逃げて油断させる

春秋時代、楚《そ》の荘《そう》王が庸《よう》を攻めたときのことである。先発軍が庸の都の近くまで攻めこんだが、そこで敵の反撃にあって敗退した。このとき、庸にとらわれていた者が逃げ帰ってきて報告した。

「庸は兵力が多いうえ、これに加勢する蛮族の数もおびただしい数にのぼっております。いまこれを攻めても勝ち目はありません。本隊の到着を待って攻撃したほうがよいかと思います」

しかし、先発軍の司令官は、

「いや、それはいかん。このまま戦いを続け、わざと逃げるふりをするのだ。相手は図に乗って油断するにちがいない。そこにつけこむのだ」

と言ってそのまま戦いを続行し、七回戦って七回とも逃げた。これを見た庸の軍は、「楚軍など相手にするのもバカらしい」

と、ろくに守りも固めなくなった。

そこへ、荘王の率いる楚軍の本隊が到着し、一気に庸を滅ぼしたという。

一回や二回逃げただけでは、庸の軍もこれほどまでには見くびらなかったかもしれない。楚軍のあざやかな作戦勝ちである。

ヒットラーの電撃作戦

この策略は、古代だけでなく、現代でも使われて効果をあげることがある。たとえば、第二次世界大戦で、ヒットラーがフランスに対して電撃的な進攻を行なったときのことだ。ヒットラーは進攻予定日をひそかに同盟国側に流し、相手側が「すわ開戦！」と応戦態勢をととのえたのを見はからって、しばしば予定日を変更した。その結果、同盟国側は、ヒットラーが新しい進攻予定日を設定するたびに「またか」と思って徐々に警戒心をゆるめてしまった。

ヒットラーが実際にマジノ線を突破してフランス領内になだれこんだのは一九四〇年五月十四日のことであるが、このときも、フランス、イギリスの情報機関は正確にドイツ側の動きをキャッチしていた。だが、両国の政府はまたもやヒットラーの「神経作戦」だとみなして注意をはらわなかった。その結果、ヒットラーに電撃作戦の成功を許してしまったのである。

第二計　囲《い》魏《ぎ》救《きゅう》趙《ちょう》

●魏を囲んで趙を救う

敵ヲ共ニスルハ敵ヲ分カツニ如《シ》カズ。敵ノ陽ナルハ敵ノ陰ナルニ如カズ。

集中している敵に攻撃を加えるよりは、まず相手の兵力を分散させ、そのうえで攻撃したほうがよい。こちらから先制攻撃をかけるよりは、相手の仕掛けを待って、そのうえで制圧したほうがよい。

〈解説〉

「囲魏救趙」とは、戦国時代、斉《せい》の国の軍師であった孫臏《そんぴん》が、魏《ぎ》軍を討ったとき採用した作戦である。そもそも、敵が強大である場合、当たってくだけろとばかり、正面から戦いを挑むのは賢明な策とは言えない。そんなことをしても、勝利する確率はきわめて低いし、かりに幸運にめぐまれて勝ったとしても、味方の損害が大きすぎるからである。

では、敵が強大な場合は、どんな策略で戦うべきか。

「兵ヲ治ムルハ水ヲ治ムルガ如《ゴト》シ」、すなわち、戦争のやり方は治水の要領と同じだという。逆巻く激流には、容易に近寄りがたい。だが、その流れを分散して、幾つもの運河に流しこめば、水の力を弱めて、どうにでも料理することができる。

それと同じように、強大な敵に対しては、まずその勢力を分断し、奔命に疲れさせなければならない。そのうえで攻撃をかければ、比較的簡単に撃ち破ることができる。

あくまでも力ずくの対決を避け、分断して攻める――これが「囲魏救趙」の策略である。

孫臏の「囲魏救趙」

戦国時代のこと、魏《ぎ》が大軍を動員して趙《ちょう》の都邯鄲《かんたん》を包囲した。趙は魏軍の猛攻に耐えきれず、斉《せい》に救いを求めてきた。そこで斉は重臣の田忌《でんき》を将軍に任命し、兵法家の

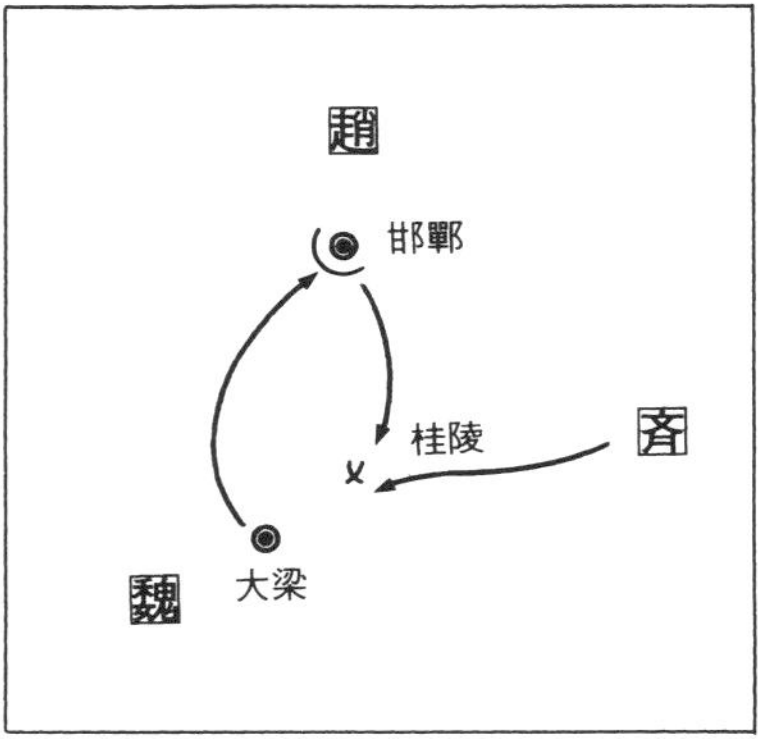

孫臏《そんぴん》を軍師として救援軍を編成した。

田忌は将軍に任命されるや、ただちに救援軍を率いて邯鄲にかけつけようとした。これは誰でも考える常識的な作戦と言ってよい。だが、これには軍師の孫臏が異をとなえた。かれは、こう主張したのである。

「たとえば糸のもつれを解くにも、むやみに引っぱったりはしないものです。喧嘩《けんか》の助太刀も、やみくもに殴り合いに加わっては、うまくおさめることができません。相手の虚をついてこそ、自然に形勢が有利になるのです。いま、魏は趙との戦いに精鋭部隊をすべて投入し、国もとには老弱な軍しか残っていません。このさい、手薄になっている魏の都大梁《たいりょう》を一挙につくことです。さすれば魏は、かならずや邯鄲の包囲を解いて、自国に軍を返しましょう。これこそ、相手に包囲を解かせるとともに、相手を疲弊させる一石二鳥の策であります」

田忌は、なるほどと思い、この策を実行に移した。はたして魏軍は邯鄲の包囲を解き、斉軍を撃退すべく、急遽《きゅうきょ》、帰国の途についた。

斉軍は、これを桂陵《けいりょう》に迎え撃って大勝を博したのである。

日本軍を悩ませた毛沢東の遊撃戦略

毛沢東《もうたくとう》は晩年幾つかの失点を出して評価を下げたが、八路軍を率いて日本軍と戦ったころのかれは、すばらしい戦略戦術をあみ出して日本軍を悩ませた。そのかれが得意とした戦略の一つが、この「囲魏救趙」である。「抗日遊撃戦争の戦略問題」という文章のなかで、かれはこう語っている。

「反包囲攻撃の作戦計画では、わが方の主力は、一般に内線におかれる。だが、兵力に十分ゆとりのある条件のもとでは、副次的な力を外線に使い、そこで敵の交通線を破壊し、敵の増援部隊を牽制《けんせい》することが必要である。もし敵が根拠地内に長くとどまって去ろうとしないなら、わが方は上述の方法を逆に使う。すなわち一部の兵力を根拠地内に残してその敵をとりかこむ一方、主力をもって敵がもといた地方一帯を攻撃し、そこで大いに活動させ、いままで長くとどまっていた敵がわが主力を攻撃するために、そこを出ていくように仕向ける。これが、『魏を囲んで趙を救う』というやり方である」

八路軍の駆使したこういう機動的な戦略戦術のまえに、日本軍はしばしば苦杯を喫し、しだいに主導権を失っていったのである。

『孫子』に学ぶ中小企業の経営戦略

味方は集中し、敵は分散させるというのは、『孫子』の兵法の力説するところでもある。『孫子』は、こう語っている。

「こちらがかりに一つに集中し、敵が十に分散したとする。これなら、十の力で一の力を相手にすることになる。つまり、味方は多勢で敵は無勢。多勢で無勢を相手にすれば、戦う相手が少なくてすむ」

「したがって敵は、前を守れば後ろが手薄になり、後ろを守れば前が手薄になる。左を守れば右が手薄になり、右を守れば左が手薄になる。四方八方すべてを守れば、四方八方すべてが手薄になる」

兵力の多少はあくまでも相対的な条件にすぎない。相手を分断して攻めることができれば、有利に戦いをすすめることができるのだという。

この考え方は、中小企業の経営戦略としてもあてはまるかもしれない。「兵力劣勢」な中小企業が大企業と同じようなことをやっていたのでは生き残れない。生き残るためには、兵力を集中して独自商品の開発をはかり、大企業の間隙《かんげき》をついていくことが望まれるのである。

第二計　借《しゃく》刀《とう》殺《さつ》人《じん》

刀を借りて人を殺す

敵スデニ明ラカニシテ、友イマダ定マラザレバ、友ヲ引キテ敵ヲ殺サシメ、自ラ力ヲ出《イダ》サズ、損ヲ以《モ》ッテ推演《スイエン》ス。

敵はすでに作戦行動を起こしているのに、わが同盟国はまだ態度を決めかねている。こんなときは、しゃにむに同盟国を引きずりこんで敵を攻撃させ、わが兵力の温存をはかる。これはすなわち『易《えき》』損卦《そんか》の「下ヲ損ジテ上ヲ益ス」の応用にほかならない。

〈解説〉

「借刀殺人」には、二つの側面がある。一つは、自分の手は使わず、第三者の力を利用して敵をやっつけること。わが国の俚諺《りげん》で言えば、「人のふんどしで相撲をとる」ということに通じる。自分の勢力を温存したまま敵をやっつけることができるのだから、こんなうまい手はない。

だが、これはまだ序の口だ。より高度な「借刀殺人」は、第三者の力を利用するのではなく、敵を利用して敵をやっつけることにある。すなわち、敵の力、敵の経済力、敵の知謀などを巧みに利用して離間策を講じ、敵を崩壊に追いやるのだ。これこそ、「借刀殺人」の真髄と言ってよい。

孫権を利用した曹操

『三国志』は魏《ぎ》の曹操《そうそう》、蜀《しょく》の劉備《りゅうび》、呉《ご》の孫権《そんけん》の三つの政権が対立抗争した時代である。それだけに、Aを利用してBを叩《たた》く策略、つまり「借刀殺人」がしきりに使われた。一例をあげよう。

劉備の部将関羽《かんう》が大軍を動員して魏領に攻めこみ、樊《はん》城を包囲したときのことである。曹操はすぐさま救援軍を送ったが、関羽の反撃にあってもろくも壊滅し、樊城は孤立した。樊城が関羽の手に落ちれば、魏の都許《きょ》も危ない。関羽の勢いに恐れをなした曹操は、あわてて都を遠くの地に移そうとした。このとき、作戦参謀の司馬《しば》仲達《ちゅうたつ》が曹操に進言した。

「ここはひとつ孫権を動かしましょう。孫権も関羽の勢力が強大化するのを恐れているはず。関羽の領土を分割して、長江以南の地は孫権に与える——こういう条件で出兵を依頼し、関羽の背後をつかせるのです。そうすれば、樊城の囲みは労せずして解けましょう」

「なるほど。その手で行こう」

曹操はさっそく孫権に提携申し入れの使者を送った。

関羽を叩《たた》き領土まで手に入るとなれば、孫権としても異存がない。喜んで曹操の申し入れを受けたかれは、ひそかに軍をおこして関羽の本拠江陵《こうりょう》を占領した。関羽はやむなく樊城の包囲を解いて撤退しようとしたが、すでに帰るべき本拠を失い、あえなく捕らえられて斬殺《ざんさつ》された。

曹操は、「借刀殺人」の策略を使って、強敵の関羽を自滅させたのである。

敵に借りて良臣を殺す

『韓非子《かんぴし》』という本に、こんな話がのっている。春秋時代のこと、鄭《てい》の国の桓《かん》公という王様が鄶《かい》という国を攻略して自分のものにしようと思いたった。鄶は小さな国だったので、正面から武力で攻めたてても、それほどの難敵ではない。だが、それでは相手も必死で抵抗するだろうから、こちらも相当な失血を覚悟しなければならない。

そこで桓公は、なんとか相手を骨抜きにし、無抵抗の状態にしておいてそっくり頂《ちょう》戴《だい》したいと思い、こんな手を考え出した。

まず、鄶の臣下で見所のある人物、才能のある人物、腕っぷしの強い人物などを調べあげてその一覧表をつくった。さらに、鄶の良田をえらんで賄賂《わいろ》として与えること、また、しかじかの官職を提供するむね誓約した文書をつくった。そうしておいて、ある夜、わざと鄶の城門の外に祭壇をつくってそれらの書類を埋め、その上に鶏や豚の血を注いで、いかにも盟約までしたように見せかけておいた。当時、国でも個人でも相手と盟約をかわすさいには、豚や鶏を殺してその血をすり合うのがしきたりだった。

翌朝、それを発見した鄶の王様は、てっきり内応者が出たものと信じこみ、その一覧表にのっていた臣下を全員殺してしまった。桓公はそこですかさず攻撃を加え、難なく鄶の国を滅ぼしてしまったのである。

ヒットラーの陰謀

現代では、こんな見えすいた離間策に乗せられる人間などいないと思われるかもしれないが、実際はそうではない。相手の情況いかんによっては、予想以上の効果を発揮することがあるのだ。一例として、ヒットラーの場合を紹介しておこう。

第二次世界大戦のまえ、ソ連にトハチェフスキー元帥という有能な将軍がいた。一九三六年、スターリンによる粛清の嵐が吹き荒れたとき、かれもその嵐に巻きこまれているという噂《うわさ》が流れてきた。トハチェフスキーのような有能な将軍が粛清されれば、それだけドイツにとっては有利になる。そこでヒットラーはこの機会にトハチェフスキーを葬ってしまおうと考え、情報機関の責任者を呼んで、内密にトハチェフスキー反逆の証拠をデッチあげるように命じた。

その証拠とは、たとえばトハチェフスキーとそのグループがドイツの将軍たちとと りかわした私信のたぐい、トハチェフスキーらがドイツに情報を売った情況およびその報酬額の一覧表、ドイツ情報部がトハチェフスキーに与えた返書のコピーなどである。

ソ連はやがてこれらニセの情報を三百万ルーブルの巨額で買い入れ、それをもとに、トハチェフスキーら八人の将軍を逮捕した。大量の「動かぬ」証拠をつきつけられたのでは、申し開きもできない。トハチェフスキーらはわずか数十分の尋問だけで死刑を宣告され、十二時間以内に全員処刑されたのである。

ヒットラーの「借刀殺人」がもののみごとに成功したのである。

ソ連の外交戦略

外交評論家の加瀬俊一氏がソ連の外交戦略について、ある座談会でつぎのように語っていた。

「私は漢詩をときどき読むのですが、『借刀殺人』――敵の刀を借りて敵を倒す、これが共産主義外交のお家芸だと思います。それを最も典型的な形で行なったのが、独ソ不可侵条約です。ヒトラーに背後のロシアは安全だと思わせて、フランス、イギリスに向かわせた。そこでヒトラーはポーランドに侵入し、これが欧州戦争を触発した。その後も、スターリンは中立条約を日本と結んで、日本の南進を奨励し、その結果が日米戦争になった。『借刀殺人』でうまく利用された形だと思いますね」

「借刀殺人」がかならずしも共産主義外交のお家芸だとは言えないかもしれない。どこの国の外交であろうと、本質的にそういう側面をもっていると理解すべきであろう。ただ、国によって、これを臆面《おくめん》もなく使ってくるところとそうでないところと、その程度のちがいはあるかもしれない。いずれにしても、責められなければならないのは、こういう手にみすみす乗せられる側の判断の甘さである。

これは国と国との外交交渉だけではなく、個人対個人の人間関係についても、そっくりあてはまるであろう。

第四計　以《い》逸《いつ》待《たい》労《ろう》

●逸を以《も》って労を待つ

敵ノ勢《セイ》ヲ困《クルシ》ムルニハ、戦イヲ以《モ》ッテセズ、剛ヲ損ジテ柔ヲ益ス。

敵を苦境に追いこむには、かならずしも攻撃を加える必要はない。しっかりと守りを固めて敵の疲れをさそえば、わが方は劣勢から優勢に転ずることができる。

〈解説〉

「以逸待労」とは、味方は「逸」すなわち余裕のある状態を保ちながら、敵の「労」すなわち疲れを待つ策略をいう。『孫子』の兵法に、

「敵より先に戦場におもむいて相手を迎え撃てば、余裕をもって戦うことができる。逆に、敵よりおくれて戦場に到着すれば、苦しい戦いをしいられる。それゆえ、戦上手は、相手の作戦行動に乗らず、逆に相手をこちらの作戦行動に乗せようとする」（「虚実篇」）

「有利な場所に布陣して遠来の敵を待ち、十分な休養をとって敵の疲れを待ち、腹いっぱい食って敵の飢えを待つ」（「軍争篇」）

ただし、待つといっても、天をたのみ、僥倖《ぎょうこう》を期待して、ただ漫然と時間をつぶしているのではない。打つべき手はぬかりなく打ちながら鋭気を養い、力を蓄え守りを固めて、相手の疲れを待つのである。そして相手に疲れが出てきたときをとらえ、一気にたたみかけて勝利を収めるのだ。

要するに、「以逸待労」とは、戦いの主導権を握るための策略であり、そのポイントは「後《ご》の先《せん》」をとることにあると言ってよい。

孫臏、ふたたび魏軍を破る

斉《せい》の軍師孫臏《そんぴん》は、「囲《い》魏救趙《ぎきゅうちょう》」の策で魏《ぎ》軍を破ってから十三年後、こんどは「以逸待労」の策でまたもや魏軍を壊滅させている。時は西暦前三四一年のこと、魏が大軍を動員して韓《かん》の国に攻めこんだ。韓から救援の要請を受けた斉は、ふたたび田忌《でんき》を将軍に任命して、またもや魏都大梁《たいりょう》に進攻させた。

魏の将軍龐涓《ほうけん》は、同じ手は二度食わぬとばかり、軍を返すや、こんどは斉軍の後方に回って追撃態勢にはいった。このとき、軍師の孫臏が田忌に進言した。

「魏の兵士は、元来、命知らずで、わが斉軍を腰抜けと見くびっています。まことの戦い上手は、敵の勢いを逆用するものです。兵法にも、利につられて深追いすること百里ならば将を失い、五十里ならば兵の半ばを失うとあります。わが軍の宿営地につくるカマドの数を、きょうは十万、あすは五万、その翌日は三万としだいに減らしてみましょう」

龐涓は斉軍を追跡すること三日、カマドの数が減っていくのを見てすっかり喜んだ。

「斉軍が腰抜けだとは聞いていたが、わが領内に入ってまだ三日そこそこだというのに、もう半数以上が逃亡するとはひどいものだ」

そう言って、歩兵部隊を後に残し、軽騎だけを率いて猛追撃を開始した。

孫臏の計算では、魏軍は夕刻ごろ馬陵《ばりょう》に到着する見込みである。馬陵は谷あいで、道幅は狭く、両側が険しい斜面になっていたので、伏兵をおくには格好の地形である。孫臏は多数の狙撃兵を道の両側に伏せた。

魏軍の軽騎がドドッとばかり馬陵にさしかかった。その瞬間、斉軍の弩《いしゆみ》がいっせいに唸《うな》りをあげる。魏軍は夕やみのなかで大混乱におちいって壊滅した。

龐涓は乱戦のなかで自害したといわれる。孫臏は、わざと隙《すき》を見せて魏軍の出足を誘い、相手の態勢が伸びきったところを一気に叩《たた》いて快勝したのである。

陸遜の用兵

三国時代、呉《ご》の将軍陸遜《りくそん》も、劉備《りゅうび》の大軍を迎え撃った「夷陵《いりょう》の戦い」で、この策略を採用して大勝を博した。

劉備出撃の知らせに、呉軍の部将たちはいっせいに色めきたって迎え撃とうとする。だが、総司令官の陸遜は、こう言って、はやる部将連中をおさえた。

「劉備は全軍をあげてわが領内に進攻してきた。しかも、天然の要害を利用して布陣しているゆえ、思うようには攻め破れない。たとい攻撃が成功しても、全軍を壊滅させることはできまい。もし失敗したら、とりかえしのつかぬ事態を招こう。ここはしばらく味方の士気をゆるめることなく、万端の手はずをととのえて情勢の変化を待とう。この一帯が平野であれば、軍を展開されて収拾のつかぬ乱戦に巻きこまれもしようが、敵は山づたいに進撃しているゆえ、それもままなるまい。しかも、山道の行軍に疲労もつのろうというもの。わが方は、じっくり腰をすえて敵の疲れを待つのだ」

陸遜のこの考え方こそ「以逸待労」の典型なのである。しかし部将連中にはそれが理解できない。口々に「陸遜殿は臆病風《おくびょうかぜ》に吹かれている」と不満を鳴らしたという。

さて、こうなると困るのは劉備のほうだ。戦いが長びけば、当然、遠征軍に不利は免れない。そこで劉備は、配下の部将に数千の兵を与え、平地に布陣させて、呉軍に誘いをかけた。これを見た呉軍の諸将は、今こそ攻撃のチャンスとばかり、いっせいに奮いたつ。だが、陸遜は、

「しばらく待て。なにかワナがあるにちがいない」

と言っておしとどめた。

こうして両軍持久すること半年にも及んだ。攻め手のつかめぬ劉備側に、ようやく疲れが見えてきた。いよいよ反転攻勢のときだ。陸遜は部将連中を集めて攻撃準備を命じた。ところがこんどは部将たちのほうがこぞって反対した。

「攻撃をかけるなら、出鼻を叩《たた》くべきでした。今では五、六百里も敵に攻めこまれ、すでに半年以上も経過しました。その間、敵は数多くの要害をおとしいれて守りを固めている始末。今から攻撃しても勝ち目はありませんぞ」

だが、陸遜は、

「いや、それはちがう。なにしろ劉備は千軍万馬の古強者《ふるつわもの》。攻めこんだ当初は、綿密な作戦を立ててきたので、戦っても勝ち目はなかった。ところが今は、戦線が膠着《こうちゃく》状態におちいり、敵の疲労はその極に達して士気も衰え、そのうえ、これといった打開策ももちあわせておらぬ。今こそ包囲殲滅《せんめつ》する絶好の機会だ」

こう言って総攻撃をかけ、ついに劉備の大軍を撃ち破ったのである。

唐の太宗と秀吉と木村名人

唐《とう》の太宗《たいそう》は『貞観政要《じょうがんせいよう》』などによって守成の名君として知られているが、この人は用兵の天才でもあった。創業間もなくのころ、唐王朝は国内に幾つもの有力な対抗勢力をかかえていたが、太宗はみずから軍を率いて討伐にあたり、つぎつぎにかれらを滅ぼして創業の基礎を固めた。そのときの戦い方をみると、いずれの場合も、対陣した当初はじっと持久の構えをとって動かない。そして相手が奔命に疲れたとみるや一気に叩《たた》く、といったパターンが踏襲されている。この戦い方で、かれは短期間のうちに全中国の統一に成功したのである。

これと同じやり方をしたのが、豊臣秀吉である。かれは信長のような激しい戦いをほとんどしていない。じっくりと相手の疲れを待って、不戦勝ちを狙うことが多かった。たとえば、小田原攻めなどは、その典型であろう。こういう効率的な勝ち方を心がけたので、かれの場合も、比較的短期間で日本全土を統一することができたのだ。

将棋で一時代を築いた木村義雄名人も、これと同じような戦いをしたらしい。ふつう長考にはいるのは形勢が悪くなってからである。ところが木村名人が長考にはいるのは形勢がよくなってからであった。相手は形勢が悪いから、半分あきらめかけている。そこへ長考にはいられるのだから、いらいらもつのってくるし、気合もにぶってくる。それが木村名人のつけ目だった。あるいは名人はちらちら相手の顔色をうかがいながら、晩の食事のことでも考えていたのかもしれない。

木村名人のこの戦い方も、「以逸待労」にほかならない。

第五計 趁火打劫《ちんかだきよう》

火に趁《つけこ》んで劫《おしこみ》を打《はたら》く

敵ノ害大ナレバ、勢イニ就キ利ヲ取ル。剛、柔ヲ決スルナリ。

敵を苦境に追いこんだときには、嵩《かさ》にかかって攻めたて、一気に決着をつけなければならない。これは、強者が勢いに乗じて弱敵を打ち負かす策略である。

〈解説〉

「趁火打劫」とは、もともと人の弱味につけこんで押し込み強盗をはたらく、つまり、火事場泥棒の意味である。相手の弱味につけこみ、嵩にかかって攻めたてること、それがこの策略のポイントと言えよう。相手が内部の団結も固く、外からの侵略に対しても一致団結して事にあたる態勢がととのっていれば、これを攻めたとしても簡単には成功しない。逆に、相手が派閥争いに明けくれていたり、国民が生活不安にさらされていたり、あるいはまた外部からの圧力に苦しんでいるときは、こちらにとってはまたとない進攻のチャンスだ。そんなときは、躊躇《ちゅうちょ》なく進攻して息の根をとめてしまう。これが、「趁火打劫」の策略にほかならない。

では、相手に乗ずる隙《すき》が見出せない場合は、どうするか。二つの対応策が考えられる。一つは、相手が弱点をさらけ出すまで、じっくりと待つのである。もう一つは、こちらから積極的に工作して、相手が弱点をさらけ出すように仕向けるのである。

劉邦、項羽を滅ぼす

始《し》皇帝の死を契機として秦《しん》帝国が崩壊したあと、天下の覇権を争ったのが、劉邦《りゅうほう》と項羽《こうう》の二人の英傑だった。両雄の激突を「楚漢《そかん》の戦い」という。この戦いは、三年有余にわたって続いたが、初め、軍事力にまさる項羽の側が圧倒的に優勢だった。劉邦は、戦っては敗れ、戦っては敗れで、いつも戦線の立て直しに追われ、苦戦の連続だった。

だが、そんななかで劉邦はねばり強く戦い、しだいに形勢をもりかえしていった。こうして二年がすぎ、三年目を迎えるころになると、劉邦の側の戦略的優位が目立つようになり、項羽は孤立状態に追いこまれていった。しかし、劉邦の側も、三年余の激闘によって、疲労の色が濃かった。

こういう情勢のなかで、劉邦の申し入れによって、両者の間に、停戦協定の成立をみた。項羽はただちに帰国の途につき、劉邦も軍をまとめてひきあげようとした。

このとき、軍師の張良《ちょうりょう》と陳平《ちんぺい》がこもごも劉邦に進言した。

「わが方は天下の半分を領有しているうえ、諸侯も味方についております。ところが項羽の方は兵力も消耗し、食糧も底をついているありさま、これこそ天が項羽を見限った証拠です。この機会をおいて攻撃をかけなければ、それこそ〝虎《とら》を育てて禍《わざわい》のタネをまく〟ようなものですぞ」

二人の発想は、まさに「趁火打劫」そのものである。いま、息の根をとめなければ、いつまた手をかまれるかわからない。相手の弱味につけこんで、徹底的に叩《たた》くべし。

劉邦は大きくうなずき、万端の手はずをととのえて追撃に移り、ついに項羽を滅ぼしたのである。

宋襄の仁

劉邦《りゅうほう》が容赦なく相手の弱点につけこんで攻め滅ぼしたのに対し、それとは逆に、敵に情をかけてみすみす絶好の機会をのがしたのが、宋《そう》の襄公《じょうこう》という王様である。

春秋時代のこと、楚《そ》が大軍を動員して宋の国に攻めこんできた。宋軍はこれを泓《おう》水のほとりで迎え撃った。この日、宋軍は、すでに陣形をととのえて楚軍を待ちかまえていたが、楚軍のほうは、布陣はおろか、まだ河も渡りおえていない。

それを見て、軍司令官の目夷《もくい》が襄公に進言した。

「敵は多勢、味方は小勢です。敵がまだ河を渡りきらぬところを攻めたてましょう」

しかし、襄公は、

「いや、いや、そんな卑怯《ひきょう》なことはできぬ」

と言って、とりあわない。

その間に、楚軍は渡河をおえて陣形の整備にかかった。目夷がかさねて攻撃を進言したが、こんども襄公は、

「いや、陣形がととのってからだ」

と言って、なかなか攻撃命令を下さない。結果は明らかだった。しょせん多勢に無勢、宋軍はさんざんに蹴散《けち》らされ、襄公自身も股《もも》に傷を受け、総くずれとなって敗走した。

時の人々は、敵に情をかけた襄公の思いやりを「宋襄《そうじょう》の仁」と呼んで笑ったという。

隙を与えたらつけこまれる

「兄弟《ケイテイ》、牆《カキ》ニ鬩《セメ》ゲドモ、外ソノ務《アナド》リヲ禦《フセ》グ」(『詩経《しきょう》』)ということばがある。家の中で兄弟ゲンカをしていても、外から攻撃をしかけられたときは一致協力して防ぐものだというのである。たしかに、これが理想であるが、しかし現実にはなかなかこうはいかない。兄弟ゲンカの果てに、家そのものまで滅ぼしてしまうことのなんと多いことか。

これは、家だけではなく、国や会社についてもあてはまる。内部対立、内部抗争、すべて組織としての体力を弱め、業績の低下を招いてしまう。

それだけならまだよい。まわりに、それを待っている相手がいるとすれば、好機逸すべからずとして、遠慮なくつけこんでくるにちがいない。旧ソ連によるアフガン侵攻などは、その好例と言ってよいだろう。むろん、侵攻した旧ソ連は非難されてしかるべきだが、それと同時に、相手に乗ずる隙《すき》を与えたアフガン側の対応のまずさも責められなければならない。

隙を与えたらつけこまれる。だから、隙を与えないような、慎重な対応が望まれるのである。

第六計　声《せい》東《とう》撃《げき》西《せい》

東に声して西を撃つ

敵ノ志乱萃《ランスイ》シ、虞《ハカ》ラザルハ、坤下兌上《コンカダジョウ》ノ象《ショウ》ナリ。ソノ自ラ主《ツカサ》ドラザルヲ利シテコレヲ取ル。

敵は指揮系統が乱れてバラバラになり、情勢の変化に対応できない。これは、淵《ふち》の水位があがって今にも決壊しようとする状態に似ている。こんなときは、敵の混乱に乗じて一気に撃滅しなければならない。

〈解説〉

「声東撃西」とは　①まず、東を撃つと見せかけて陽動作戦を展開する　②それにつられて敵が東に移動して守りを固めれば、西が手薄になる　③手薄になった西にすかさず攻撃をかける、という策略にほかならない。『通典《つでん》』という本に、「声言撃東、其実撃西」（東ヲ撃ツト声言シ、ソノ実ハ西ヲ撃ツ）とあるのが出典らしい。

この策略も、相手の錯覚を利用して判断を狂わせるところにポイントがある。つまり、相手がこちらの陽動作戦にうまくひっかかってくれることが、この策略を成功させる鍵になる。逆に言えば、敵の司令官が冷静な判断力を失わず、こちらの手の内を読んで対応策を立ててくれれば、この策略は成功しない。それどころか、裏をかかれて、かえって大敗を喫することにもなりかねない。だから、この策略を成功させるためには、敵の指揮官が無能で、指揮系統も乱れていることが前提となる。

曹操の「声東撃西」作戦

『三国志』前半のクライマックスは、曹操《そうそう》と袁紹《えんしょう》が北中国の覇権をかけて激突した「官渡《かんと》の戦い」である。このとき、袁紹は十万の大軍を率いて曹操の本拠許《きょ》に進攻し、まず曹操側の前進基地とでもいうべき白馬《はくば》に先遣隊を派遣してこれを包囲させた。白馬を簡単に奪われたとあっては、全軍の士気に影響する。曹操はみずから主力を率い

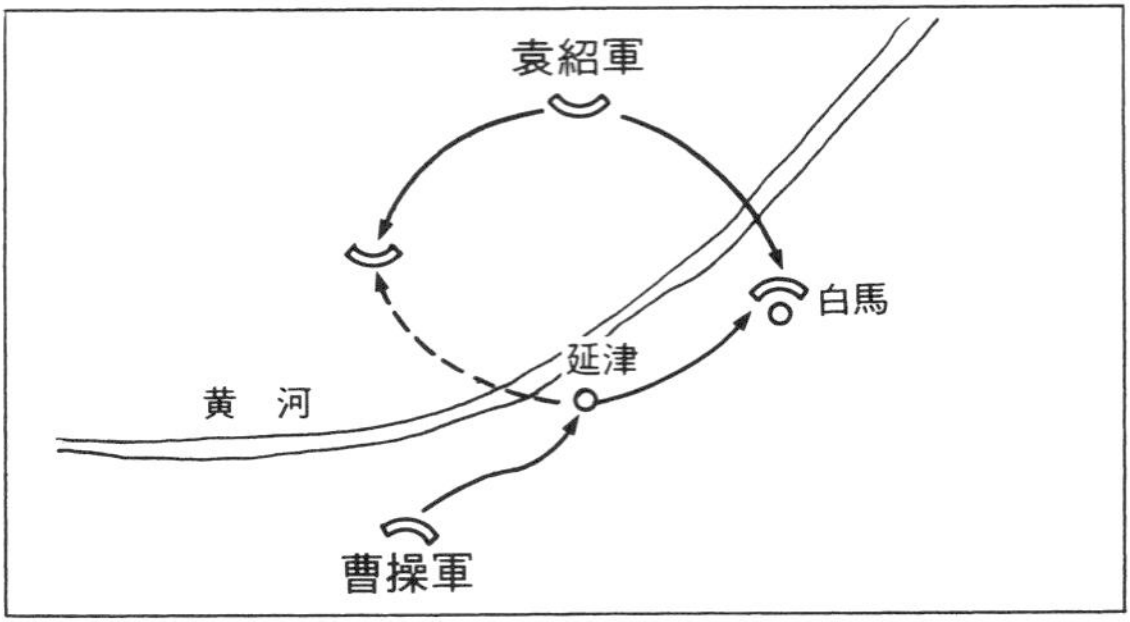

て救援にかけつけようとした。すると、荀攸《じゅんゆう》という参謀が進言した。

「兵力ではとてもかないません。ここはなんとしても敵の兵力を分散させることです。そこで私の策ですが、まず延津《えんしん》に向かい、黄河を渡って敵の背後に回るように見せかけてください。袁紹はかならず西に軍を移動させて迎え撃とうとするでしょう。その隙《すき》に、軽騎を率いて白馬に急行し、敵の不意をつくのです。これなら敵を破ることができますぞ」

これぞまさしく「声東撃西」の策である。曹操はこの策を採用した。

はたして袁紹は、曹操軍が延津を渡河して攻め寄せてくると聞くや、すぐさま軍を二手に分かち、一軍を率いてこれを迎え撃った。それを見とどけた曹操は、さっと全軍を撤収して白馬に急行し、袁紹側の包囲軍をさんざんに撃ち破ったのである。

遊撃戦術の眼目も「声東撃西」

かつて毛沢東《もうたくとう》が率いた八路軍の遊撃戦術も、この「声東撃西」を重要な柱として採用していた。毛沢東は、有名な「持久戦論」のなかで、つぎのように語っている。

「錯覚と不意のために、優勢と主動を失うことがある。したがって、計画的に敵に錯覚をおこさせ、不意うちをかけることは、優勢をつくりあげ、主動をうばいとる方法であり、しかも重要な方法である。錯覚とは何か。『東を撃つとみせて西を撃つ』というのは、敵に錯覚をおこさせる一つの方法である。情報がもれるのを防げるようなすぐれた民衆的基盤がある場合、敵をあざむくいろいろな方法をとれば、しばしば効果的に、判断をあやまり行動をあやまるような苦境に敵をおとしいれ、これによって敵の優勢と主動を失わせることができる」

日本軍は、このような陽動作戦にふりまわされ、しばしば苦戦におちいったのは周知のところである。

「声東撃西」のような陽動作戦は古典的な手法であり、敵も味方も、このような手があることを十分承知しているはずである。それでも、やり方さえ巧妙であれば、結構ひっかかるのだ。この手法は、現代でもけっして有効性を失っていない。

ナポレオンのエジプト上陸作戦

一七九八年、ナポレオン率いるフランス艦隊がツーロンを出港してエジプト上陸作戦を行なったとき、地中海の制海権はネルソンの率いるイギリス艦隊ににぎられていた。上陸作戦を成功させるためには、まず邪魔もののイギリス艦隊をなんとかしなければならない。そこでナポレオンが採用したのも、この「声東撃西」の策略だった。

ナポレオンは艦隊をツーロンに集結させたとき、こんどの遠征の目的地がエジプトではなく、ジブラルタル海峡を越えてアイルランドにあるという情報をさかんに流したのである。これを信じたネルソンは、イギリス艦隊をジブラルタルの近くに集めて待ちかまえることにした。

その隙《すき》にナポレオンは、まんまとエジプト上陸に成功したのである。

やり方さえ巧妙であれば、ネルソンのような大提督も、このような策略にひっかかるということであろう。

第二部　敵戦の計

敵と戦う場合には、弱味を見せてはならない。味方の力を誇示しながら、敵の弱味につけこんで利益の拡大をはかる。実をもって虚を攻め、皮を斬《き》らせて肉を斬る戦いを心がけなければならない。

第七計　無《む》中《ちゅう》生《しょう》有《ゆう》

●無の中に有を生ず

誑《アザム》クナリ。誑クニアラザルナリ。ソノ誑ク所ヲ実ニスルナリ。少シク陰、太《ハナハ》ダ陰、太ダ陽ナリ。

無いのに有るように見せかけて敵の目をあざむく。しかし、最後まであざむきとおすことはむずかしいので、いずれ無から有の状態に転換しなければならない。要するに、仮のかたちで真の姿を隠蔽《いんぺい》し、敵を錯覚におとしいれること。

〈解説〉

「無中生有」とは、ありもしないのにあるように見せかけて、相手の判断をまどわす策略である。この策略を成功させる前提条件として、つぎの二つのことが指摘されなければならない。

一、敵の指揮官が、単純な人物であるか、または疑い深い人物であるかして、こちらのしかけた策に乗りやすいタイプであること。

一、「無」の状態、すなわちありもしないのにあるように見せかけて敵の判断をまどわしたら、つぎの段階では実際に「有」の状態に転換して、一気にたたみかけること。

「無」から「有」、「虚《きよ》」から「実《じつ》」への転換が、この策略を成功させるポイントになる。

自分で尻もちをついた苻堅

四世紀の末葉、南京に都をおいた東晋《とうしん》王朝の時代である。北中国一帯を支配下においた前秦《ぜんしん》の苻堅《ふけん》は、東晋を滅ぼして全中国を統一しようと、百万の大軍を動員して進攻してきた。迎え撃つ東晋の軍はわずかに八万。相手の十分の一にも足りない。

両軍は淝《ひ》水のほとりで会戦したが、結果は、大方の予想に反して東晋軍の大勝利に終わる。なぜ圧倒的な優勢を誇る前秦側が敗れ去ったのか。その鍵は、前秦の大将苻堅の錯覚から生じた恐怖心にあった。

このとき、まず劣勢な東晋軍が機先を制して、いっせいに進攻を開始した。苻堅は初めから相手の兵力を見くびって、たかをくくっていた。ところが、いざ城壁に立って目をこらすと、相手は水ももらさぬ陣形を組んで寄せてくる。思わず動転した苻堅は、正面の八公山の草木まで東晋の兵と勘ちがいし、参謀をふり返って、

「えらいことになった。敵は思いもよらぬ大軍ではないか」

とつぶやいたという。

このときの苻堅の動揺が、やがて指揮の乱れとなり、思わぬ大敗につながっていく。つまり、苻堅は「無」を「有」と錯覚し、自分で尻もちをついてしまったのである。

張巡の「ワラ人形」作戦

唐《とう》の時代のこと、安禄山《あんろくざん》が反乱を起こし、配下の令孤潮《れいこちょう》という部将に命じて、雍丘《ようきゅう》の城を包囲させた。このとき、雍丘の守備隊長には張巡《ちょうじゅん》という人物が任命されていたが、なにしろ賊の勢力が強いので、たちまち孤立無援の状態におちいった。

そこで張巡は、苦境を打開するため一計を案じた。すなわち、城内の兵士に命じてワラ人形を千体ばかりつくらせ、それに黒い衣服を着せて縄でしばり、夜、城壁から下におろさせたのである。これを見て、賊の兵士はてっきり人がおりてきたと思いこみ、先を争って矢を射かけてきた。その結果、張巡はまんまと賊から数十万本の矢をせしめたのである。

その後、張巡は夜にまた、こんどは城内の兵士を城壁からおろした。賊の兵士は、またワラ人形で矢をだましとる気だなと思い、その手はくわぬとばかり、ニヤニヤ笑いながら見物し、戦の準備をしようとしなかった。

こうして張巡は、首尾よく五百人の兵士を城壁の下におろして決死隊を編成し、賊の軍営を急襲して、さんざんに撃ち破った。

第八計　暗渡陳倉《あんとちんそう》

● 暗《ひそか》に陳倉に渡る

コレニ示スニ動ヲ以《モ》ッテシ、ソノ静ニシテ主アルヲ利ス。益ハ動キテ巽《シタガ》ウ。

陽動作戦を展開し、敵がその動きにつられて守りを固めたならば、こっそり別方面に迂回《うかい》して不意打ちをかける。機動作戦で敵の手薄をつく策略である。

〈解説〉

「暗渡陳倉」とは、A地点を攻撃すると見せかけて、実はB地点を攻撃するという策略で、発想としては、第六計の「声東撃西《せいとうげきせい》」に近い。言うまでもなく、本当のねらいはB地点にある。だが、そのねらいをかくしておいて、まずA地点を攻撃し、そこに敵の注意をひきつけておく。そうしておいてから、初めてB地点に攻撃を集中する。敵の不意をつき、手薄をつくことができるから、勝つ確率がきわめて高い。

この策略が成功するかどうかは、一にも二にも陽動作戦の成否にかかっている。陽動作戦を成功させるためには、敵をひっかけるための準備工作を入念に進めなければならない。

そうでなかったら、陽動作戦は成功しないし、したがって「暗渡陳倉」の策も成功しないからである。

韓信の迂回作戦

この策略は、もともと「明修桟道、暗渡陳倉」の成句のかたちをとっており、漢《かん》の将軍韓信《かんしん》の作戦に由来している。

秦《しん》を滅ぼしたあと、劉邦《りゅうほう》は項羽《こうう》の行なった論功行賞で漢王に封じられ、漢中に駐屯することになった。関中から秦嶺《しんれい》山脈を越えて漢中におもむくには、蜀《しょく》の桟道《さんどう》と呼ばれる、絶壁をくりぬいてかけわたした吊橋《つりばし》を通らなければならない。劉邦は漢中へ進

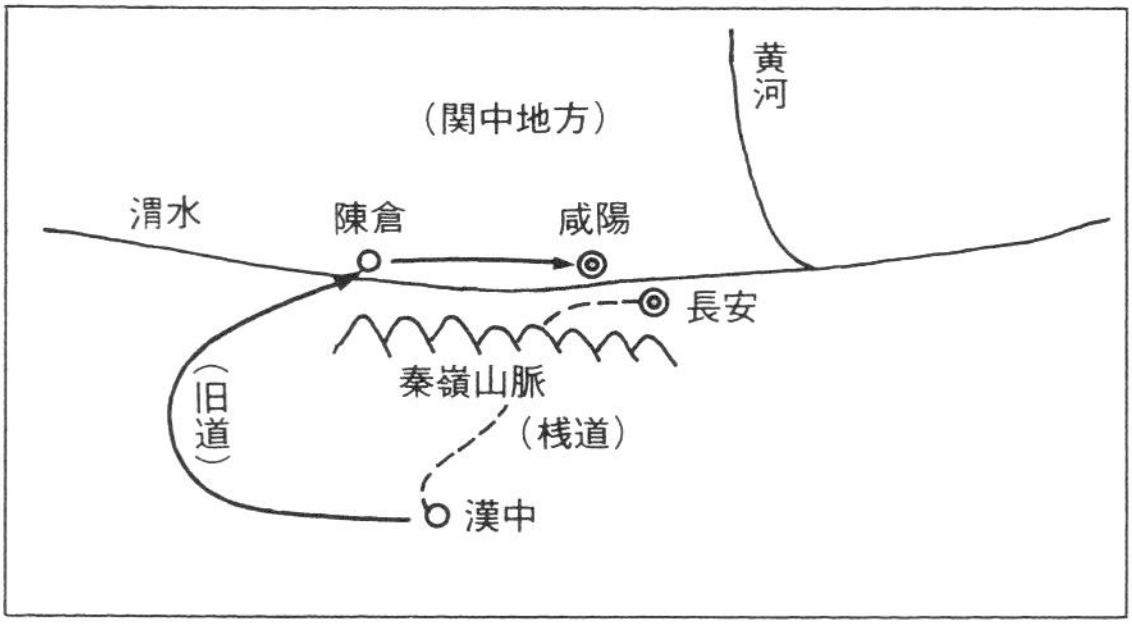

駐する道すがら、通りすぎた桟道をすべて焼きはらった。

二度と関中に帰る意志のないことを示して、項羽の警戒心をやわらげるためであったという。それを見とどけた項羽は、関中の統治を他の将軍にまかせ、自分は東方の本拠にひきあげていった。

一年後、劉邦は項羽の覇権に挑戦する決意を固め、韓信を大将軍に任命して、ふたたび関中に打って出る。

そのさい、韓信はまず人夫を送りこんで桟道の修復工事にあたらせた。桟道から打って出るぞという構えを示して、敵の注意をひきつけ、この方面の守りを固めさせたのである。そうしておいて、ひそかに旧道から迂回《うかい》して軍を進め、敵の守備軍を撃破して、関中を手中におさめた。

これが、韓信の「明修桟道、暗渡陳倉」の策略であ

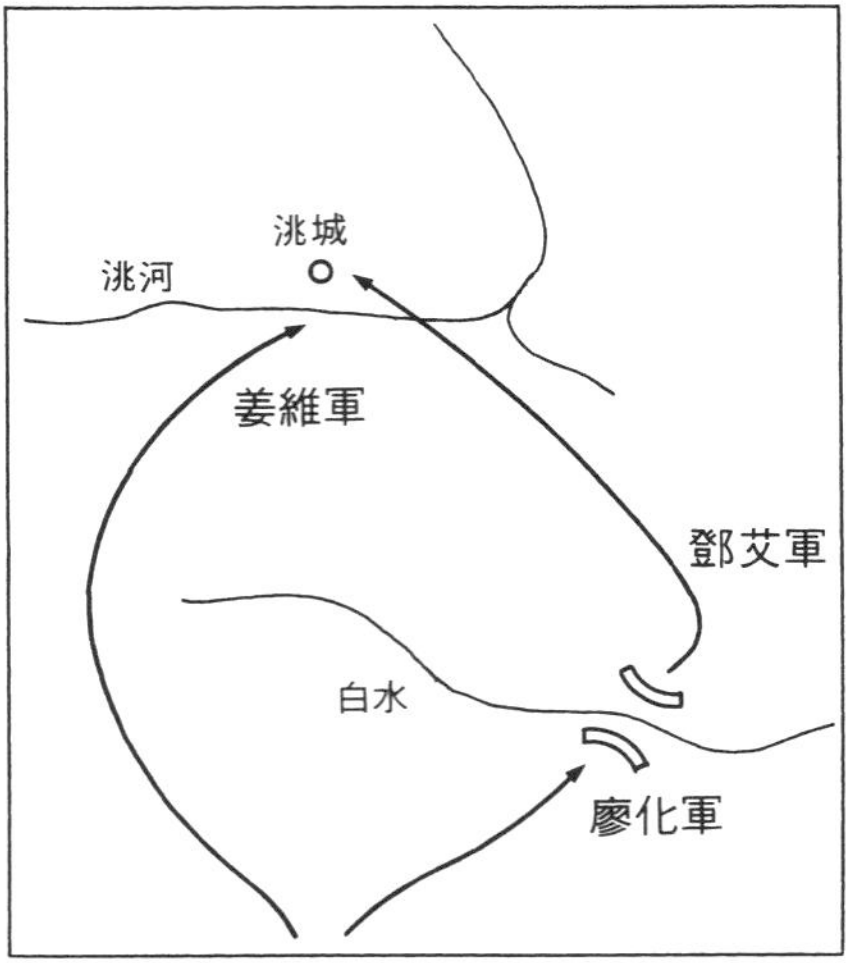

る。「明修桟道」（明ラカニ桟道ヲ修ス）は、敵の目を桟道にひきつけ、「暗渡陳倉」を成功させるための準備工作だったのだ。

姜維の作戦失敗

先にも述べたように、この策略が成功するかどうかは、陽動作戦の成否にかかっている。陽動作戦を見破られて失敗したケースに、蜀《しょく》の将軍姜維《きょうい》の例がある。

三国時代のこと、蜀の偏将軍姜維が軍を率いて魏《ぎ》領に侵攻した。これを迎え撃ったのが魏の南安太守鄧艾《とうがい》である。鄧艾は首尾よく蜀軍を撃退したが、

「敵はまだ遠くへは去っていない。また攻め寄せてくる可能性がある。ここは気をゆるめずに備えを固めなければならぬ」

こう言って、白水の北岸に布陣して相手の出方をうかがった。三日後、姜維は部下の廖化《りょうか》を白水の南岸に派遣し、いまにも攻撃に出る構えをとらせた。しかし、鄧艾は、配下の諸将を集めると、

「姜維の軍がにわかにひきかえしてきた。わが方は兵力が少ない。ここは当然、渡河して攻め寄せてくるべきところだが、見たところその気配がない。思うに廖化の役目はわが軍を釘《くぎ》づけにして、帰路を断つことにあるとみた。姜維はみずから軍を率いて洮《とう》城を襲うにちがいない」

と語り、その夜のうちに軍をまとめ、間道から洮城に直行して守りを固めた。はたして姜維は河を渡って攻め寄せてきたが、すでに鄧艾が守りを固めていたので、なすところなく撤退せざるをえなかった。

姜維はこのとき「暗渡陳倉」の策略を採用したのであるが、相手の鄧艾に察知されて、不発に終わったのである。

ノルマンジー上陸作戦

この策略は現代でもよく使われて、第二次世界大戦の連合軍によるノルマンジー上

陸作戦などもその好例と言ってよいかもしれない。地図を見れば明らかなように、イギリス東南部から海を渡ってフランス海岸に上陸するには、ノルマンジーよりもパ・ド・カレー県のほうが距離も近く、物資の運輸にも、空軍の支援のうえからいっても、有利な条件を備えていた。ドイツ軍のほうは、このような情況から、てっきりパ・ド・カレー県に上陸されるものと判断し、そこに強大な防衛態勢を築いて進攻に備えた。一方、連合軍のほうも、しきりにニセの情報を流して、パ・ド・カレー県に上陸するように見せかけるとともに、わざとパ・ド・カレー県に爆撃を集中して上陸の近いことを印象づけた。その結果、ドイツ軍はますますパ・ド・カレー県に兵力を集中して相手の上陸作戦に備えた。

こうして、連合軍はドイツ軍の注目をパ・ド・カレー県にひきつけておいてから、わざわざ遠回りしてノルマンジーに上陸した。上陸作戦が成功を収めたのは、こういう周到な準備工作があったからである。

第九計 隔《かく》岸《がん》観《かん》火《か》

岸を隔てて火を観《み》る

陽乖《ハナ》レ序乱ルレバ、陰以《モ》ッテ逆ヲ待ツ。暴戻恣睢《ボウレイシキ》ハ、ソノ勢自ラ斃《タオ》レン。順以ッテ動クハ予ナリ、予ハ順以ッテ動ク。

敵の内部矛盾が深まって統制が乱れたならば、わが方はじっと静観して異変の発生するのを待つ。憎しみと反目から殺し合いが始まり、行きつくところ、自滅の道をたどるにちがいない。わが方は高みの見物をきめこみ、果報は寝て待つのである。

〈解説〉

「隔岸観火」とは、高みの見物をきめこむことである。『孫子』の兵法にこうある。

「名君名将は、つねに慎重な態度で戦争目的の達成につとめる。かれらは、有利な情況、必勝の態勢でなければ作戦行動を起こさず、万やむをえざる場合でなければ、軍事行動に乗り出さない」

たとい兵力優勢であっても、やみくもに攻めたてればよいというものではない。それでは、かりに勝利を収めたところで、こちらも相当の出血を免れないのである。これは、勝ったとしても、あまり褒められた勝ち方とはいえない。

とくに、相手側に内紛のきざしがあるときは、じっと静観して、相手の自滅を待ったほうが賢明である。相手が内紛を起こしているとき、それにつけこんで攻めたてるのも一つのやり方ではあるが、それではかえって相手を団結させてしまうことがある。それは得策とはいえない。そんなときはやはり高みの見物をきめこんで相手の自滅を待つというのが、「隔岸観火」の策略である。

これと似た考え方に「漁夫の利」ということばがある。これは、敵同士をかみ合わせて互いに勢力を消耗させ、自分は勢力を温存して相手方の自滅を待つという考え方だ。よく似た発想と言ってよい。いずれも、『孫子』の言う「戦わずして勝つ」ための策略にほかならない。

行動を起こすか静観するか

相手の内部抗争とか内部矛盾は、こちらにとってはつけこむチャンスである。そんな場合は遠慮なくつけこんで相手を倒してしまえというのが、第五計の「趁火《ちんか》打劫《だきょう》」であった。第九計の「隔岸観火」も、相手の内部抗争や内部矛盾を前提にしている。だが、こちらのほうは、あくまでも静観して相手の内部崩壊を待つという計謀である。「ぬれ手であわ」をねらっているという点では、「趁火打劫」よりも、はるかに老獪《ろうかい》であるかもしれない。

かりに相手が内部抗争に明けくれていても、こちらがへたに進攻の構えを見せたりすれば、かえって団結させてしまう可能性がある。じっと静観して内部崩壊を待つというのは、そういう意味でも賢明な策である。

だが、実際問題として、出ていくか静観するかの判断はむずかしい。静観したばかりに、みすみすチャンスを逃してしまうというケースも十分にありうる。要は、出るときは電光石火のごとく行動を起こす、静観するときは徹底的に静観する、この見きわめが肝心なのかもしれない。

曹操の「隔岸観火」

『三国志』の曹操《そうそう》は「官渡《かんと》の戦い」で袁紹《えんしょう》を撃ち破り、北中国一帯を支配下においた。しかし、袁紹の子の袁尚《えんしょう》、袁煕《えんき》らは北方の異民族烏丸《うがん》のもとに逃れ、なおも抵抗の構えを見せている。北の脅威をとり除くには、烏丸を叩《たた》いて袁尚、袁煕らの息の根をとめなければならない。

そこで曹操は、西暦二〇七年、烏丸討伐に乗り出し、これを撃破した。袁尚、袁煕らは、遼東《りょうとう》の公孫康《こうそんこう》を頼って落ちのびていった。公孫康は以前から遼東に割拠して、曹操に服属することを拒否していた。袁兄弟は、あわよくば公孫康にとってかわって遼東にたてこもり、曹操に対抗しようと考えたのである。

さてこのとき、曹操の幕僚たちは、ただちに軍を遼東に進めて公孫康を討伐し、あわせて袁尚兄弟の息の根をとめてしまうべきだ、と進言した。ところが曹操は、

「いや、いや、わしはいま公孫康の手で袁尚、袁熙を始末させようと考えているところだ。わざわざ軍を動かすまでもない」

と言って、そのまま都にひきあげてきたところ、はたして間もなく公孫康から袁尚、袁熙の首がとどけられてきた。

なぜこうなったのか、幕僚たちには納得がいかない。そこで、わけをたずねたところ、曹操はこう答えている。

「もともと公孫康は袁尚らの勢力を恐れていた。もしわしが、軍を動員して性急に攻撃を加えれば、かれらは力を合わせて抵抗するだろうが、放っておけば仲間割れする。これが自然の成り行きというものだ」

これなども、「隔岸観火」の典型的なやり方と言ってよい。

第十計　笑裏蔵刀《しょうりぞうとう》

●笑いの裏《うち》に刀を蔵《かく》す

信ニシテコレヲ安ンジ、陰《ヒソ》カニ以《モ》ッテコレヲ図ル。備エテ後ニ動キ、変アラシムルコトナカレ。中ヲ剛ニシ外ヲ柔ニスルナリ。

友好の誠意を示して敵の警戒心を解き、ひそかに打倒の策をめぐらす。十分に準備をととのえてから行動に出る。しかもそのさい、あくまでもわが方の真意を見破られてはならない。ふところに匕首《あいくち》をしのばせながら、うわべはにこやかに振舞う策略である。

〈解説〉

「笑裏蔵刀」とは、文字どおり、友好的な態度で接近し、相手が警戒心を解いたところを見すまして一挙に襲いかかる策略である。あくまでもにこやかな態度で接するのは、相手の警戒心をやわらげるための方便であることは言うまでもない。この方便が真に迫っているほど成功の確率が高くなる。逆に、この策略を仕掛けられた側から言えば、「笑い」のなかにどんな魂胆が秘められているのか、すばやく読みとって対応策を講じなければならない。そうでなかったら、むざむざ敵の術中にはまってしまう。

『孫子』も、

「敵の軍使がへりくだった口上を述べながら、一方で、着々と守りを固めているのは、実は進攻の準備にとりかかっているのである。……対陣中、突如として講和を申し入れてくるのは、なんらかの計略があってのことである」

と語っている。敵が笑顔を見せたり、うまい話をもちかけてくるのは、なんらかのねらいを秘めていると見なければならない。

秦の始皇帝も気を許した

始《し》皇帝が中国全土を統一する前夜、戦国時代のフィナーレを飾ったのが、荊軻《けいか》による始皇帝暗殺未遂事件である。

燕《えん》の太子丹《たん》の密命を受けた荊軻は、

「風ハ蕭々《シヨウシヨウ》トシテ易水寒シ、
壮士一《ヒト》タビ去ッテマタ還《カエ》ラズ」

という詩《うた》に決死の思いを託して秦《しん》に向かい、謁見を許されるや、隠しもった匕首《あいくち》で始皇帝に斬《き》りつけたが、身をかわされて涙をのんだという。

それにしても始皇帝のような用心深い男がなぜ荊軻のような刺客を近づける気になったのか。このかげには、じつは燕の側の周到ともいうべき「笑裏蔵刀」作戦があったのである。

荊軻は燕を出発するとき、始皇帝の喜びそうな二つのみやげを持参していった。一つは、秦から燕に亡命してきた樊於期《はんおき》という将軍の首である。樊於期は、始皇帝にとってはいわば裏切り者にほかならない。荊軻はそこに眼をつけ、旨をふくめて樊を自害せしめ、その首をてみやげ代わりに持参したのである。

もう一つのみやげは、督亢《とくこう》の地図である。督亢というのは、燕の国でもっとも肥沃《ひよく》な地方であった。その地図を持参したというのは、それを秦に献上したいという意思表示にほかならない。

だが、いくらおいしそうなみやげを持参したからといって、それだけでは始皇帝に会うことはできない。そこで、秦の都に着いた荊軻は蒙嘉《もうか》という始皇帝の寵臣《ちょうしん》に千金にものぼる進物を贈って、とりなしを頼んだのである。千金の効果はすぐにあらわれた。蒙嘉が始皇帝に向かってこう語ったのである。

「燕王は大王のご威光を畏《かしこ》み、お手向かいをやめて、諸侯なみにお仕えしたく、ご領内の郡県と同じく貢物を捧《ささ》げてまいりました。それも燕王が親しく言上するのはおそれ多いとあって、つつしんで樊於期の首を斬り、督亢の地図をそえて使者をよこしました。いかがとりはからいましょう」

これで始皇帝はすっかり警戒心を解いてしまったらしい。

結局、暗殺は未遂に終わったが、厚い壁を突破して、ともかくも謁見にまでこぎつけることができたのは、燕の側の仕掛けた「笑裏蔵刀」作戦の成功であった。

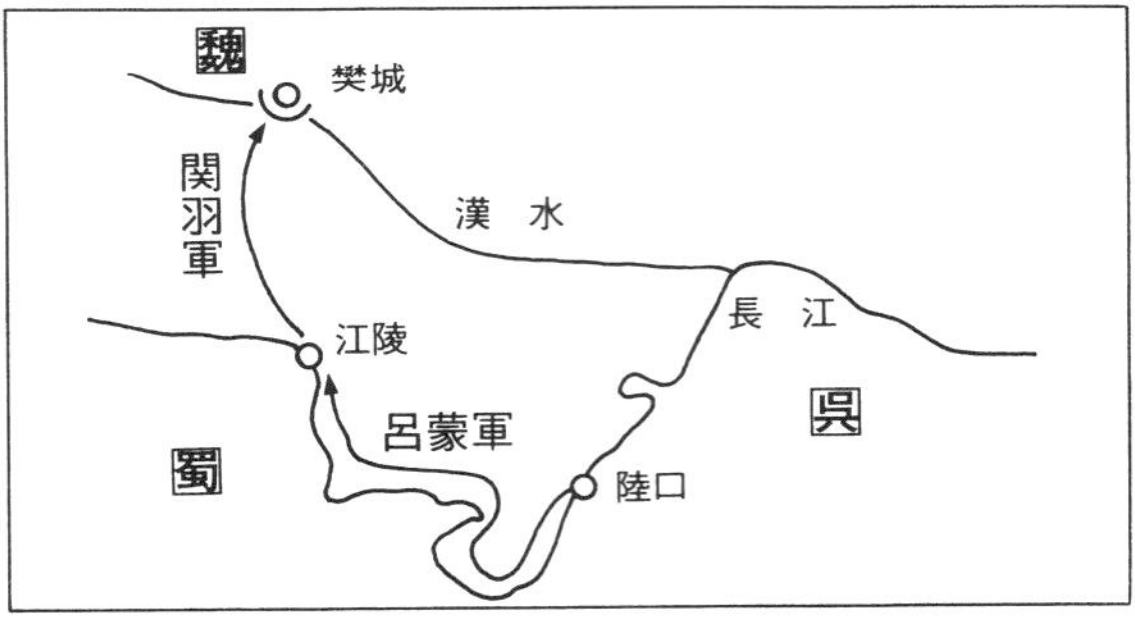

「笑裏蔵刀」にはめられた関羽

三国時代、蜀《しょく》の関羽《かんう》は荊《けい》州の最高責任者として江陵《こうりょう》に駐屯していたとき、大軍を動員して北上し、魏《ぎ》領の樊《はん》城を包囲した（第三計「借刀殺人《しゃくとうさつじん》」孫権を利用した曹操の項参照）。このとき、呉《ご》の責任者として陸口《りくこう》に駐留し、関羽の出方を窺《うかが》っていたのが、呂蒙《りょもう》という智将である。関羽軍が北上したいまこそ、江陵を奪取する絶好のチャンスだ。だが、関羽もけっして呂蒙に心を許していたわけではない。かなりの兵力を江陵に残して呂蒙の動きに備えていた。江陵を奪取するには、まず関羽の警戒心をやわらげなければならない。

そこで呂蒙は病気と称して都にひきあげ、陸口の責任者には陸遜《りくそん》という無名の将校を任命した。当時、呂蒙と陸遜とでは、キャリアといい、ネームバリューといい、重みがまったくちがっていた。関羽は歴戦の呂蒙に代わって陸遜のような若造が赴任してきたと聞いて、大いに喜んだ。

だが、陸遜は年こそ若かったが、したたかな術策の持ち主だった。陸口に赴任するや、さっそく関羽に書簡を送って、相手の武勇をほめたたえ、自分の無能ぶりを卑下してみせた。下手《したて》に出て関羽の警戒心を解くことにつとめたのである。

これで、すっかり気を許した関羽は、江陵にとどめていた兵力をすべてひきあげ、樊城の包囲戦に投入した。このときを待っていた呂蒙は、ひそかに軍を率いて江陵に向かい、戦わずしておとしいれた。

単純な性格の関羽は、呂蒙と陸遜の仕掛けた「笑裏蔵刀」の策略にひっかかって、あえなく自滅したのである。

「笑裏蔵刀」の二面性

唐《とう》の則天武后《そくてんぶこう》の時代、李義府《りぎふ》という人物がいた。みるからに温厚な人柄で、人と話すときなど笑顔をたやしたことがなかった。ところが、宰相に抜擢《ばってき》されて権勢をふるうようになったとたん、少しでも自分の意に逆らう者は、容赦なくおとしいれるようになった。それで当時の人々から「義府ハ笑中ニ刀アリ」と恐れられたという。笑顔のなかに恐るべき権謀術数を秘めていたわけだが、李義府の場合は、それを行使する対象が同じ政界仲間の高官たちだったので、かれらの憎しみを買って、やがて失脚した。

しかし、「刀」を行使する対象が敵であれば、話はまたちがってくる。

宋《そう》の時代、曹瑋《そうい》という人物が渭《い》州の長官として西夏《せいか》（西の異民族）の動きに備えていたが、きびしく軍令を貫徹し、すこぶる西夏から恐れられていた。ある日、配下の部将を集めて酒宴を開いていたところ、突然、数千の兵士が反乱を起こして西夏に逃亡したという知らせをうけた。部将連中はどうしたものかと顔を見合わせるばかりだったが、曹瑋だけはいつもと変わりなく談笑しながら、のんびりした口調で、こう語った。

「かれらはわしの命令で行動したのだ。騒ぐでない」

西夏では、これを伝え聞いて、宋兵が逃亡してきた裏にはなにかワナが仕掛けられているにちがいないと思い、かれらを皆殺しにしたという。

ピンチに立たされたとき、いささかも動ずることなく、「笑裏蔵刀」でありうるかどうかで、指導者としての器量が問われもするのである。

第十一計　李《り》代《だい》桃《とう》僵《きょう》

●李《すもも》、桃《もも》に代わって僵《たお》る

勢イ必ズ損アリ、陰ヲ損ナイテ以《モ》ッテ陽ヲ益ス。

戦局の進展いかんによっては、かならずや損害を覚悟しなければならない場合もありうる。そんなときは、局部的な損害とひきかえに、全局的な勝利をかちとらなければならない。

〈解説〉

「李代桃僵」とは、李を犠牲にして桃を手に入れる策略である。「皮を斬《き》らせて肉を斬り、肉を斬らせて骨を断つ」戦略と言ってもよい。戦いであるからには、かならず損害を覚悟しなければならない局面が生じてくる。そんなとき、損害を最小限にくいとめなければならないことはもちろんであるが、それと同時に、損害を上回る利益をどこかであげて埋め合わせをつけるというのが「李代桃僵」の考え方にほかならない。囲碁でいう捨て石作戦である。局部的な損害にくよくよせず、その損害を捨て石として活用し、より大きな利益をつかむということである。

孫臏の必勝の術

孫臏《そんぴん》が斉《せい》の将軍田忌《でんき》に客分として招かれたときのことである。そのころ田忌は賭け事にこり、斉の公子たちと金を賭けては馬車を競走させて楽しんでいた。孫臏が観察するに、出場する双方の三台の馬車は、上、中、下のクラスに分かれ、同じクラス同士の馬の脚力に差はない。こう思ったかれは、一計を案じ、田忌に告げた。

「こんどの賭けでは、かならず勝たせてみせますぞ」

田忌は大いに乗り気になり、公子たちばかりでなく、王までも相手にまわして、千金の大勝負を挑んだ。

さて、いよいよ競走の当日、孫臏は田忌に耳打ちした。

「こちらのいちばん遅い馬車は、先方のいちばん速い馬車と組ませなさい。そして、こちらのいちばん速い馬をむこうの二番手に、こちらの二番手はむこうの三番手にぶつけるのです」

結果は、一度負けただけで二度勝ち、まんまと大金をせしめたという。

これもまた一敗を捨て石にして二勝を収める作戦で、「李代桃僵」の典型と言ってよい。

ドニエプル河の戦い

第二次世界大戦でのこと、ドイツ軍に攻めこまれたソ連が総反撃を開始し、そのなかで、一九四三年秋、キエフ奪回をめざしてドニエプルの渡河戦が行なわれた。このとき、ソ連の先遣部隊である第三八一師団の二個大隊がキエフ北面の突破点からドニエプル河を渡河して橋頭堡《きょうとうほ》を築いた。ドイツ軍は大量の戦車を投入して猛反撃を加えてくる。ソ連軍司令部は橋頭堡の死守を命じた。そこにドイツ軍の注意を引きつけようという作戦である。はたせるかなドイツ軍はこの橋頭堡の奪回にやっきとなって兵力を投入してきた。その隙《すき》に第三八一師団の主力は南に移動してやすやすと渡河に成功したのである。だが、橋頭堡の死守を命じられた二個大隊はドイツ軍の猛攻にさらされて、ほとんど全滅していた。

「小を殺して大を助ける」ということであるが、実戦においてはしばしばこういう非情な決断を迫られるのである。

損して得とれ

無能なリーダーほど局部的な損失に目を奪われやすい。戦争にしてもビジネスにしても、損失は避けがたい。問題は、その損失をどう将来の利益に結びつけるかだ。目前の損失にあわてふためかないで、そこから利益を引き出す冷静な判断が望まれるのである。

『孫子』も、こう語っている。

「智者はかならず利益と損失の両面から物事を考える。そうすれば、物事は順調に進展する。逆に、損失をこうむったときには、それによって受ける利益の面も考慮に入れる。そうすれば、くよくよ悩まずにすむ」

第十二計　順手牽羊《じゅんしゅけんよう》

——手に順《したが》いて羊を牽《ひ》く

微《ビ》隙《ゲキ》ノ在ルハ必ズ乗ズル所ナリ。微利ノ在ルハ必ズ得ル所ナリ。少シク陰、少シク陽。

隙《すき》を発見したら、どんな小さな隙でも、すかさずつけこまなければならない。利益になることならどんな小さな利益でも、ためらわずに獲得しなければならない。どんな小さな不手際でも、敵の不手際につけこむことができれば、それだけ勝利に近づくのである。

〈解説〉

「順手牽羊」とは、もともと、その場にあるものを手当たりしだいに失敬するという意味だ。戦略戦術の上から言えば、敵の隙につけこんで、がめつく戦果を拡大する策略にほかならない。これが成り立つ条件は、つぎのようになる。

一、遂行しなければならない本来の目標がある。

一、その目標とは別に、容易に手にはいる利益が目の前にころがっている。

一、その利益に手を出しても、本来の目標追求に支障を生じない。

がめつい華僑商法

華僑《かきょう》は裸一貫で海外へとび出していく。資本は、自分の体以外にない。文字どおりゼロからのスタートだ。そこから出発して大をなしていく。これを中国語で「白手起家《バイシヨウチージヤ》」という。だから、カッコなど気にしている暇はない。人のいやがることでも、なんでも手がけていかなければならない。

もともとカッコがよくて、元手もいらなくて、おまけに割のいい商売など、そうざらにあるものではない。そこに一円の利益があれば、なりふりかまわず確実に自分のものにしていく以外にない。

『華僑商法』という本に、こんな話が紹介されている。

むかし、三十過ぎの華僑の守衛が、仕事の合間に寮生にビールを売っていた。このビールがバカに安い。ビールを飲んでいた日本人がたまたま、

「ウンと安い仕入れ先でも知っているんですか」

と聞いたところ、

「なーに、原価で売っているんですよ」

と答えたという。

なにをかくそう、かれはビールの箱を売っていたのである。当時は、物資が欠乏しかけていたころで、ダース入りの箱そのものが比較的珍重されていた。かれはこの箱代だけを浮かして利益としていたのだった。

箱代ぐらいの儲《もう》けだからといって、バカにしてはならない。塵《ちり》もつもれば山となるのだ。やがて、もう少しましな商売を始めるための元手ぐらいはたまるかもしれない。

これが華僑商法の真髄なのである。

リーダーの情況判断能力

ひとたび目標が設定されると、他のことには目もくれず、しゃにむにその目標に向

かってつき進むリーダーがいる。そのことじたいには非難の余地はないが、なんだか、あまりにも杓子《しゃくし》定規だという気がしないでもない。戦局が有利に展開しているうちはいいが、いったん劣勢におちいると、こういうタイプは作戦指導能力を失ってしまう場合がある。そうかと思うと、一方には、小さな利益に目を奪われて、本来の目標を見失ってしまうリーダーもいる。いずれも不可である。目標追求という大前提は、あくまでもくずしてはならない。と同時に、情況の許す範囲で戦果の拡大につとめる柔軟性ももたなければならない。そのためには、冷静な情況判断能力が必要とされるのである。

第三部　攻戦の計

戦いが優勢に展開している場合でも、力ずくの戦いは避けるべきだ。ムダな消耗戦には、一つもプラスがない。こんなときこそ策略を駆使して、効率のよい勝ち方をめざさなければならない。

第十三計　打草驚蛇《だそうきょうだ》

●草を打って蛇を驚かす

疑ワバ以《モ》ッテ実ヲ叩《タタ》キ、察シテ後ニ動ク。復スルハ陰ノ媒《バイ》ナリ。

敵の動きがつかめなかったら、偵察して確かめ、情況を掌握してから作戦行動に乗り出さなければならない。偵察を繰り返すのは、かくれた敵を発見する手段である。

〈解説〉

「打草驚蛇」には、二つの意味がある。第一はさぐりを入れて相手の動きを察知する策略である。『孫子』の兵法は、「彼ヲ知リ己レヲ知レバ、百戦シテ殆《アヤ》ウカラズ」と語り、諜報活動《ちょうほう》の重要性を力説してやまないが、諜報活動によって知りうることはおのずから限度があって、こまかな部隊配置などについては情報を入手することがむずかしい。そこで必要になるのが、実際の作戦行動のなかで、相手の動きを知ることである。それにはまず偵察行動でさぐりを入れて相手の反応を見なければならない。これが、第一の意味である。

第二は、蛇を打つかわりに草を打って蛇の情況を知ろうとするもので、一種の「いぶり出し」作戦という意味も含まれている。大物を検挙するのに、周辺の小物からじわじわと証拠を固めていく作戦などがこれにあたる。

しかし、いずれにしてもこの策略のねらいは、「草」を手段に使って「蛇」の動向を知ろうとする点にあることは言うまでもない。

スエズ戦争におけるイギリス作戦

一九五六年、エジプトがスエズ運河の国有化を宣言したことに端を発し、イギリス、フランス、イスラエルとエジプトのあいだに、スエズ戦争が起こった。このとき、武力干渉に乗り出したイギリス、フランスは、まず、スエズ河口のポートサイドに空挺《くうてい》部隊を降下せしめたのであるが、これはじつは木製やゴム製の人形にすぎなかった。なぜそんなことをしたのか。言うまでもなく、エジプト軍の防衛態勢を知るためである。そうとは知らぬエジプト軍はこれらの人形に集中砲火をあびせ、すっかり手のうちをさらけ出してしまった。

これで、相手の火力や兵員の配置を掌握したイギリス、フランス軍は、すかさず相手の防衛陣地に攻撃を加えてこれを粉砕し、その後の降下、上陸作戦を有利に展開したのである。

さぐりを入れて反応を見る

交渉や説得の場においても、「打草驚蛇」は有効な武器となる。そんな場合、こちらの言いたいことを一方的にまくしたてればよいというものではない。交渉を有利に展開するためには、まず、相手の本心や手のうちを知らなければならない。そこで、さぐりを入れて相手の反応を見、そのうえでこちらの対応策を立てることが必要だ。

第十四計　借屍還魂《しゃくしかんこん》

●屍《しかばね》を借りて魂を還《かえ》す

用ウルアル者ハ、借ルベカラズ。用ウル能《アタ》ワザル者ハ、借ルヲ求ム。用ウル能ワザル者ヲ借リテコレヲ用ウルハ、我ヨリ童蒙《ドウモウ》ニ求ムルニアラズ、童蒙ヨリ我ニ求ム。

人の力に頼らずに自立しているものは、操縦がむずかしく、利用することもできない。逆に、人の力に頼って存在しているものは、こちらの援助を求めているのだ。それを利用して相手の首根っこを押さえる――これは、相手から操縦されず、逆に相手を操縦する策略にほかならない。

〈解説〉

「借屍還魂」とは、利用できるものはなんでも利用して勢力の拡大をはかる、しぶとい策略である。もちろん利用の仕方は一様ではない。たとえば、

（1）自己防衛のための防波堤として利用する。

（2）勢力拡大のためのかくれ蓑《みの》として利用する。

（3）地盤拡大のための踏み台として利用する。

などをあげることができる。また、利用するための前提条件としては、相手は勢力が弱く、しかも利用価値をもっていることが必要である。相手に利用価値がなくなれば、乗っとってしまう。

羊飼いでも利用価値

秦《しん》の始《し》皇帝が死去したとたん、圧制に抗して各地に反乱が勃発《ぼっぱつ》した。先頭を切ったのは農民出の陳勝《ちんしょう》、呉広《ごこう》であるが、楚《そ》の項梁《こうりょう》、項羽《こうう》、沛《はい》県の劉邦《りゅうほう》らもバスに乗り遅れるなとばかり、これに続いた。

陳勝、呉広が秦の反撃で討ち死にしたあと、項梁の音頭とりで反秦連合軍が結成されるはこびとなる。そのとき、軍師の范増《はんぞう》が項梁に進言した。

「陳勝が敗北したのは当然でした。なぜなら、秦に滅ぼされた六か国のなかで、いちばん秦を怨《うら》んでいたのは楚の人々です。ところが陳勝は、そこを理解せず、せっかく先頭に立って兵を挙げながら、楚王の子孫を立てないで自分が王になってしまった。これでは短命に終わったのもムリはない。一方、あなたが江東で挙兵されると、楚の各地で決起した武将が争って馳《は》せ参じた。それは、あなたが代々楚の将軍の家柄ゆえ、楚の王家を再興してくれるだろうと期待しているからです。そこのところをお忘れくださるな」

なるほどと思った項梁は、さっそくかつての楚王の孫の心《しん》という者が民間で羊飼いをしていたのをさがし出し、これを楚王に擁立し、懐《かい》王を襲名させた。つまり、反秦連合軍の盟主にかつぎ出したのである。

こうして連合軍は、懐王の名のもとに再編成を行ない、秦の都咸陽《かんよう》をめざして進攻した。だが、秦を滅ぼしてしまえば、もはや懐王には利用価値はない。やがて懐王は、連合軍の実力第一人者にのしあがった項羽の手で始末されてしまうのである。

皇帝を利用した曹操

『三国志』の曹操《そうそう》は、動乱の時代に、わずか数千の軍勢をかき集めて兵を挙げてから、数年後には早くも黄河流域の兗《えん》州に自立した勢力を築くことに成功した。しかし、この段階では、ようやく他の群雄と肩を並べただけにすぎない。かれはここでいちだんと勢力拡大をはかるため、将来に備えて幾つかの重要な布石を打っている。その一つは、自分の本拠の許《きょ》に時の皇帝の献《けん》帝を迎えたことだ。

後《ご》漢《かん》王朝最後の皇帝となった献帝は、当時、荒れはてた都で食事にも事欠く生活を送っていた。諸国に割拠した群雄たちは、みずからの攻伐に明けくれて、だれ一人として皇帝の窮状に手をさしのべてくる者はない。それに目をつけたのが曹操である。

曹操にとって、皇帝をみずからの本拠に迎えた意義は小さくなかった。権威衰えたりとはいえ、皇帝は皇帝である。軍を動かすにしても、諸侯に号令するにしても、上に皇帝をいただいてするのとそうでないのとでは、政治的効果に格段のちがいがあった。これで曹操は政治的立場の上で、他の群雄から頭一つ抜け出したのである。

その後も曹操は献帝をロボットとして操縦し、その権威を利用して勢力拡大につとめながら、この時代最大の勢力にのしあがっていったが、献帝を退けてみずから皇帝の座につくことはしなかった。

劉備、蜀を乗っとる

曹操《そうそう》のライバルであった劉備《りゅうび》が蜀《しょく》（今の四川省）の地に自立の地盤を築いたやり方も、ありていに言えば、この「借屍還魂」の策略によるものであった。劉備はかねてから蜀の地に食指を動かしていた。だが、そこには以前から劉璋《りゅうしょう》という者が割拠して大過なく治めてきたので、軍を動かす大義名分がない。ところが劉璋は北方の守りに不安を感じ、同族のよしみで劉備に助けを求めてきたのである。劉備は渡りに舟とばかり、みずから軍を率いて蜀に向かい、口実をもうけて劉璋に攻撃を加え、ついに蜀の地を手に入れた。助《すけ》っ人《と》に招かれた人間が、相手に難くせをつけて乗っとり屋に変身したのである。

第十五計　調虎離山《ちょうこりざん》

●虎を調《あしら》って山を離れしむ

天ヲ待ッテ以《モ》ッテコレヲ困《クルシ》メ、人ヲ用イテ以ッテコレヲ誘ウ。往《ユ》ケバ蹇《ナヤ》ミ、来レバ返ル。

有利な自然条件にめぐまれたときは、それを利用して敵を苦しめ、さらに、食いつきそうなエサをばらまいておびき出す。攻撃しても危険が予想されるときは、わざと隙《すき》を見せて相手に攻めさせるのである。

〈解説〉

「調虎離山」の「虎」とは強敵、「山」とは根拠地の意味である。自然条件にめぐまれた山に生息している虎は、始末におえない。そういう虎を退治するには、まず山からおびき出さなければならない、という発想だ。戦略戦術の上から言うと、つぎの二つの方法を含んでいる。

(1) 敵が守りの固い城とか要害の地にたてこもっているときには、それを放棄するように仕向ける。

(2) 正面対峙《たいじ》している場合、敵の攻撃方向を他の地点にそらし、正面からの圧力を緩和する。

いずれにしても「調虎離山」の策略を成功させるには、敵をおびき出すためのトリックが必要になる。そのトリックの巧拙がこの策略を成功させるための鍵だと言ってよい。

虞詡の「調虎離山」の計

後漢《ごかん》王朝の末期、西方異民族の羌族《きょう》が反乱を起こして武都に侵入してきたとき、虞《ぐ》詡《く》という人物が武都の長官に任命されて、これの鎮圧にあたることになった。軍を率いて赴任の途中、虞詡の一行は、陳倉のあたりで羌族の大軍に行く手をはばまれてしまう。こうなっては前へ進むことができない。

一計を案じた虞詡は、朝廷に援軍を請い、その到着を待って前進する旨、触れを出した。これを聞いた羌族は、しばらくは漢軍の進撃はないと判断し、手分けして近隣の県を襲い、財物の略奪に走った。

羌族が分散したことを知るや、虞詡はその隙《すき》に乗じて軍を進め、昼夜兼行で道を急いだ。そのうえ、休止のたびに、兵士に命じてそれぞれカマドをつくらせ、日を追うごとに数を倍増させた。これを見た羌族は、援軍がやってきたのだと思いこみ、あえて攻撃を加えようともしない。こうして虞詡は封鎖を突破して武都に入城し、羌の大軍を撃ち破ったのである。

このとき虞詡が、援軍の到着を待って前進すると触れを出したのは、羌族の攻撃を他へそらすための「調虎離山」の策略であったことは、言うまでもない。

韓信の「背水の陣」

漢《かん》の韓信《かんしん》が趙《ちょう》を攻めたときのことである。韓信の率いる軍は一万足らず、相手は二十万と号し、しかも堅固な砦《とりで》にたてこもっている。まともに戦ったのでは、勝ち目はない。

一計を案じた韓信は、まず二千の軽騎兵を選抜し、兵士全員に赤旗を持たせて趙軍の砦を見おろす山かげにひそんでいるように命じ、

「よいか、明日の戦いでは、わが軍はいつわって敗走する。敵は砦を空っぽにして追撃してくるにちがいない。諸君はその隙《すき》に敵の砦にはいりこみ、趙の白旗を抜いて漢の赤旗を立てるのだ」

と旨をふくめた。

そうしておいて、さらに残った主力軍に移動を命じ、趙軍の前面に流れる河を背にして布陣した。

朝になってそれに気づいた趙軍は、兵法の定石を知らない奴《やつ》だといって笑った。たしかに『孫子』以下の兵法書のどこをひもといても、河を背にして布陣せよとは書かれていない。

だが韓信は、いっさいかまわず、一隊を率いて砦に攻撃をかけた。趙軍は相手をなめきっている。「小癪《こしやく》な」とばかり、砦を出て応戦する。韓信は、旗印を捨ててさっと退却し、河のほとりの陣屋に逃げこんだ。

なにしろ韓信の軍は河を背にして布陣しているので逃げ場がない。全員が必死で戦うので、さすが優勢な趙軍も、もてあましてしまった。その隙に、山かげにひそんでいた別働隊が砦に入って占拠してしまった。それを知って、趙軍に動揺が起こる。そこを韓信の軍が前後から挟撃して、さんざんに撃ち破った。

韓信は「背水の陣」で味方の死力をひき出し、「調虎離山」の計で相手をおびき出したのである。

第十六計　欲《よく》擒《きん》姑《こ》縦《しょう》

●擒《とら》えんと欲すれば姑《しばら》く縦《はな》つ

逼《セマ》レバ則《スナワ》チ兵ヲ反《カエ》サル。走ラシメバ則チ勢イヲ減ズ。緊《カタ》ク随《シタガ》イテ迫ルコトナカレ。ソノ気力ヲ累《ツカレ》シメ、ソノ闘志ヲ消シ、散ジテ後擒《トラ》ウレバ、兵、刃《ヤイバ》ニ血ヌラズ。需ハ孚《マコト》アリ、光ナリ。

逃げ道を断って攻めたてれば、相手も必死に反撃してくる。逃げるにまかせれば、相手の勢いは自然に弱まる。追撃するにも、あまり追いつめてはならない。体力を消耗させ、闘志を失わせ、相手がバラバラになるのを待って捕捉《ほそく》すれば、血を流さずに勝利することができる。じっくりと時を待てば、よい結果が期待できるのだ。

〈解説〉

「欲擒姑縦」とは、完全包囲を避けるということである。完全包囲をして敵を追いつめれば、相手も覚悟をきめて、「窮鼠《きゅうそ》、猫を嚙《か》む」ように猛反撃してくるかもしれない。そんな戦いになれば、味方のほうも相当の損害を出す恐れがある。それを避けるためには、完全包囲などという短兵急な攻め方をしてはならない。それがこの策略のポイントである。

『孫子』の兵法に、「呉越同舟《ごえつどうしゅう》」ということばがある。呉の人間と越の人間はむかしから仲が悪かった。しかし、同じ舟に乗り合わせて、その舟に危険が迫っているとなれば、仲の悪いかれらも一致協力して助け合う。将たる者は、いつも兵士をそのような状態において、かれらが力をふりしぼって戦うように管理しなければならない、と『孫子』は説いているのである。

逃げ道も与えずにしゃにむに攻めたてれば、敵を「呉越同舟」のような状態においてしまい、死にもの狂いの反撃をうける可能性がある。だから『孫子』も、「窮寇《キュウコウ》ニハ迫ルコトナカレ」と語り、短兵急に攻めたてることの愚をいましめている。

諸葛孔明の七縦七擒

『三国志』の諸葛孔明《しょかつこうめい》も、南方異民族の反乱を平定したとき、政治戦略として、この策を使っている。反乱の首謀者を孟獲《もうかく》といったが、孔明は南に軍を進めるにあたり、全軍にこう布告した。

「孟獲を殺してはならぬ。生けどりにせよ」

激戦のすえ、孟獲はとらえられて孔明のまえにひきすえられた。すると孔明は先に立って自軍の陣営のなかをくまなく案内し、

「どうかな、わが軍の陣立ては」

と語りかけた。孟獲が答えるには、

「先ほどはこちらの陣立てを知らなかったので不覚をとった。こうして見せてもらったからには、こんどやるときは必ず勝ってみせる」

孔明は笑いながら言った。

「これは面白い。よし、この者を放してやれ」

こうして孟獲は、七たび釈放され七たびとらえられた（この故事から「七縦七擒《しちしょうしちきん》」

ということばが生まれた）。

七回目につかまったときは、さすがの孟獲も、心底から「参った」と思ったのであろう、孔明がまたもや縄目を解いて許してやろうとしたところ、

「あなたさまはまことに神のようなお方です。もう二度と背くようなことはいたしません」

と語って、いっかな立ち去ろうとしなかったという。

孔明は、武力討伐と並行させながら、「欲擒姑縦」のたくみな政治戦略で、異民族の心をがっちりとらえたのである。

昆陽の戦い

新《しん》の王莽《おうもう》の時代、各地に農民起義軍が蜂起《ほうき》し、その一軍が昆陽《こんよう》を占拠した。王莽は、将軍の王邑《おうゆう》に十万の軍をさずけて討伐に向かわせた。王邑はぐるりと城を包囲して攻めようとした。すると副将の厳尤《げんゆう》が進言した。

「昆陽は小城とはいえ、堅固な守り、簡単には攻め落とせません。いま、賊の主力は宛《えん》にたてこもっています。まず宛を始末すれば、昆陽の賊など風をくらって逃げ出し

ましょうぞ」

だが王邑は耳をかさず、包囲を厳重にしてしゃにむに攻めたてた。城の農民軍はたまらず降伏を願い出たが、王邑は許さない。このとき、またも厳尤が進言した。

「兵法にも、『敵を包囲したら、必ず逃げ道をあけておけ』とあります。ここは、わざと一部の賊を脱出させ、われらの力を賊どもに知らせしめるのが上策でしょう」

だが、こんども王邑は耳をかさない。

一方、降伏を拒否され、逃げ道まで閉ざされた城内の農民軍は、死力をつくして戦う以外に方法はない。こうしてもちこたえているうちに、やがて、外から援軍がかけつけ、内外呼応してさんざんに王邑の軍を撃ち破ったのである。

王邑の敗因は、厳尤の進言した「欲擒姑縦」の策を捨て、相手を完全包囲下において攻めたてたことにあった。それで「窮鼠《きゅうそ》、猫を嚙《か》む」猛反撃を喫し、思わぬ大敗を招いたのである。

相手を追いつめるな

「欲擒姑縦」は、円満な人間関係を維持するうえでも参考にすることができる。人生の書とでもいうべき『菜根譚《さいこんたん》』は、さまざまな角度からこのことについて語っている。

「人の欠点は、できるだけとりつくろってやらなければならない。むやみにあばきたてるのは、欠点をもって欠点をとがめるようなもので、効果はあがらない」

「有害な人間を排除するにしても、逃げ道だけは残しておかなければならない。逃げ場まで奪ってしまうのは、ネズミの穴をふさいで退路を断つようなものだ。それでは大切なものまでかじりつくされてしまう」

「人を使うさいにも、なかなか使いこなせないことがある。そんな場合には、しばらく放っておいて相手の自発的な変化を待ったほうがよい。うるさく干渉してますます意固地にさせてはならない」

第十七計　拋《ほう》塼《せん》引《いん》玉《ぎょく》

●塼《れんが》を拋《な》げて玉を引く

類以《モ》ッテコレヲ誘イ、蒙《モウ》ヲ撃ツナリ。

まぎらわしいものを使って敵の判断をまどわし、思考を混乱させる。

〈解説〉

「拋塼引玉」とは、日本語でいう「エビでタイを釣る」策略である。つまり、相手の食いつきそうなエサをばらまき、とびついてきた敵を撃滅するという発想である。この場合、投げ出してやるエサがおいしそうであればあるほど、効果がある。しかし、それがエサだとわかれば、敵も食いついてはこない。したがって、この策略を成功させるには、エサをエサでなく見せかける工夫が必要になる。そこにどんな工夫をこらして敵を釣りあげるかが、この策略のポイントになる。

おとりで誘い出す

春秋時代、楚《そ》の国が絞《こう》という小国を攻めたときのことである。楚の軍団は絞の城門の南面に布陣した。このとき、屈瑕《くつか》という将軍が楚王に進言した。

「絞は小国で、おまけに思慮も足りません。ここはひとつ、柴《しば》刈りの軍夫を護衛なしで山へ入れ、やつらを誘い出してはいかがでしょう」

柴がなかったらメシをたくことができない。楚軍はこれを近くの山で現地調達していたのである。

楚王は、この策を採用し、護衛もつけずに三十人の軍夫を山に入れた。それを見た絞は部隊をくりだしてやすやすとかれらを捕虜にした。翌日、楚軍はまた丸腰の軍夫を山に入れた。絞はさらに大部隊をくりだしてかれらを追いかけまわす。その隙《すき》に、北門あたりに伏せていた楚軍がどっと城内になだれこんで絞を降伏せしめたのである。

劉邦の失敗

漢《かん》の高祖劉邦《りゅうほう》がライバルの項羽《こうう》を滅ぼして漢帝国をおこしたころ、北方の異民族である匈奴《きょうど》にも、冒頓単于《ぼくとつぜんう》というすぐれた指導者が現われて強大な勢力を張っていた。ある年、その冒頓が大軍を率いて中国領内に侵攻してきた。劉邦は、みずから討伐軍を編成して前線におもむく。時は冬、戦場はきびしい寒波に見舞われ、雪がやまない。漢軍の兵士はつぎつぎと凍傷にかかり、十人に二、三人は指を失った。

これを知った冒頓は、敗走をよそおって漢軍をさらに北方に誘いこむ作戦に出た。劉邦はそれが冒頓の誘いの隙《すき》だと気づかず、追撃を命じる。冒頓に、精鋭を後方にかくし、弱兵を正面に配置した。勝ち戦に気をよくした劉邦は、全軍を前線にくり出して、追撃を続行する。その結果、歩兵部隊がはるか後方にとり残されてしまった。すかさず、冒頓は精鋭四十万騎をくり出して、劉邦の軍を白登山に包囲したのである。

このとき、劉邦はかろうじて包囲を突破して逃げ帰ってきたものの、一時は、死を覚悟するほどの重大なピンチに立たされている。そういうピンチに立たされた原因は、相手の「抛磚引玉」の策略を見破れなかった軽率な用兵にあったと言ってよい。

利と害とは隣をなす

絞《こう》の人々や劉邦《りゅうほう》の失敗を笑ってばかりもいられない。われわれも、甘いエサにとびついて、しまったとホゾをかむことがいかに多いことか。そんな場合、中国流の人間学からいえば、エサをばらまくほうよりも、むしろ食いつく側に大きな責任があるという。

『淮南子《えなんじ》』という本に、「利ト害トハ隣ヲナス」ということばがある。『荀子《じゅんし》』もまた、「利ヲ見テソノ害ヲ顧ミザルコトナカレ」といましめている。利益をちらつかされても、その裏にひそむ「害」を思いやるだけの冷静な判断力をもちたい。

第十八計　擒《きん》賊《ぞく》擒《きん》王《おう》

●賊を擒《とら》えるには王を擒えよ

ソノ堅キヲ摧《クジ》キ、ソノ魁《カシラ》ヲ奪イ、以《モ》ッテソノ体ヲ解ク。竜、野ニ戦ウハ、ソノ道窮マルナリ。

主力を撃滅し、首領をひっ捕らえさえすれば、全軍を壊滅させることができる。そういう相手は、陸《おか》にあがった竜のようなもので、いかようにも料理できる。

〈解説〉

「擒賊擒王」とは、敵の主力、あるいは中枢部を壊滅させなければほんとうに勝ったことにはならないという発想である。小さな局地的勝利をいくら積みあげても、そのまま最終的な勝利に結びつくわけではない。その段階で手をゆるめれば、相手は息をふきかえして猛反撃に転じ、かえって壊滅的な敗北を喫する恐れがある。そうならないためには、徹底的に相手を叩《たた》かなければならない。

それにはどうすればよいか。小さな勝利に満足することなく、敵の主力を粉砕して抵抗の意志をうちくだかなければならない。これが、「擒賊擒王」の策略である。

曹操の機転

乱世の奸雄《かんゆう》と称された『三国志』の曹操《そうそう》も、生涯になんどか手痛い敗北を喫している。濮陽《ぼくよう》にたてこもっていた呂布《りょふ》を攻めたときのことである。たまたま城内から内通者が現われて、ひそかに攻撃の手引きをしましょうと申し入れてきた。それを信じた曹操は、みずから軍を率い、夜陰にまぎれて東門に接近した。

ところが、そのとたん、城内に大きな火炎があがり、呂布の軍が打って出た。「はかられた」と知ったときは、すでに遅い。不意をつかれた曹操の軍はさんざんに蹴散《けち》らされてしまった。うろたえる曹操のあたりに敵の騎馬が殺到し、槍《やり》をつきつけながら、

「曹操はどこだ」

と、おめき叫んだ。と、曹操は、とっさに、

「あ、あそこだ。あの黄色い馬にまたがっているのが曹操だ」

と、どなりかえした。

それを聞くや、敵の騎馬はほんものの曹操をうち捨て、黄色い馬にまたがっていた武将を追っていったという。曹操はとっさの機転で難を免れたのである。

逆に、呂布はこのときの戦いでみごと相手を敗走せしめたが、肝心の曹操をとりにがしてしまった。その結果、態勢を立て直した曹操によって、四年後に滅ぼされてしまうのである。

泣き所を攻める

物事には急所というものがある。紛糾してどこから手をつけてよいかわからないようなことでも、急所さえ押さえれば、意外に簡単に解決することがある。また、人はだれでも泣き所をもっている。そこを攻めれば、交渉や説得をスムーズに進めることができる。これもまた、「擒賊擒王」の応用と言ってよいかもしれない。

将を射んとせば馬を射よ

「擒賊擒王」ということばは、唐《とう》代の詩人杜甫《とほ》の「前出塞《ぜんしゅつさい》」という詩に、

「人ヲ射ントセバ先《マ》ズ馬ヲ射ヨ
賊ヲ擒《トラ》エントセバ先ズ王ヲ擒エヨ」

とあるのが出典である。

俗に「将を射んとせば馬を射よ」というが、これも、もともとは杜甫のこの詩から出たことばであって、同じ発想であると言ってよい。

「将を射んとせば馬を射よ」ということばは、たとえば、娘さんの心を射止めたかったら、その母親を味方につけることが先決であるといった場合に使われることが多かった。しかし、このケースは、娘さんが親の言うことなどあまり聞かなくなった現代では、ほとんど戦術としての有効性を失っている。

しかし、相手を口説く場合、その相手に直接アタックするよりも、搦《から》め手に回って、その相手に影響力をもっている人物にアプローチするという手法は、現代でも十分に有効であることは言うまでもない。

たとえば社長に接近しようとするとき、機会をとらえて、まず奥さんのほうからアプローチする。この方法は、奥さんが社長の首根っこを押さえているような場合は、いっそう有効であろう。

商戦についても同じことが言える。物を買わせる場合、だれをターゲットにするか。家庭で財布のヒモを握っているのは、多くの場合、主婦であって、亭主ではない。だから、亭主（将）をねらうよりも、家庭の主婦（馬）にターゲットをしぼったほうが、成功の確率は高いであろう。現に主婦の購買意欲にねらいをしぼり、かの女らを動員する商法が大きな収益をあげているという。

見かけにだまされてはならない。ほんとうの実力者をねらい打ちするところから突破口が開けるのである。

第四部 混戦の計

一進一退の攻防が続き、戦局が予断を許さぬときこそ、策略や謀略を使って勝ちを決しなければならない。こういうときでも、柔よく剛を制する策略で、敵の勢力を崩壊に導くのが上策だ。

第十九計　釜底抽薪《ふていちゅうしん》

●釜の底より薪《まき》を抽《ぬ》く

ソノ力ニ敵セズ、而《シカ》シテソノ勢イヲ消スハ、兌下乾《ダカケン》上《ジョウ》ノ象《ショウ》ナリ。

敵の勢力が強大で力では対抗できないときは、その気勢を削《そ》いで骨抜きにする。すなわち、「柔よく剛を制す」やり方で屈服させるのだ。

〈解説〉

「釜底抽薪」とは、問題を解決するには根本に手をつけなければ真の解決にはならないという発想だ。ぐらぐら煮えたっている釜がある。熱くて手がつけられない。だが、釜の底から薪を抜きとってしまえば、煮えたっているお湯は自然にさめ、たやすく処理することができる。それと同じように、相手は強敵で、まともに戦っても勝ち目はない。そんな敵を撃ち破るには、敵の死命を制するような弱点にねらいをつけなければならない。ただしそれは、比較的容易に実行できて、効果の大きいものであることが望ましい。

では、実際問題として、そんな効果的な方法があるのか。たとえば、つぎの二つのことをあげることができる。

(1) 敵の補給を断つ。補給を断てば、どんな強大な軍も戦力を維持することができなくなる。

(2) 敵の兵士の士気を阻喪せしめる。兵士がやる気をなくせば、どんなに兵員が多くても、組織として機能しなくなる。

烏巣の焼き打ち

『三国志』の最初の見せ場は、曹操《そうそう》と袁紹《えんしょう》のあいだで、北中国の覇権をかけて戦われた「官渡《かんと》の戦い」である。曹操は、この戦いに快勝したことによって、北中国一帯を支配下におさめ、『三国志』前半の時代をリードする主役にのしあがった。

しかし、この戦い、戦前の下馬評では、袁紹側の優勢が伝えられていた。なぜなら、このとき動員された兵力は、曹操側二万、袁紹側十万と、大きな開きがあったからである。これでは、曹操がいかに有能とはいえ、不利を免れない、というのが大方の見方であった。

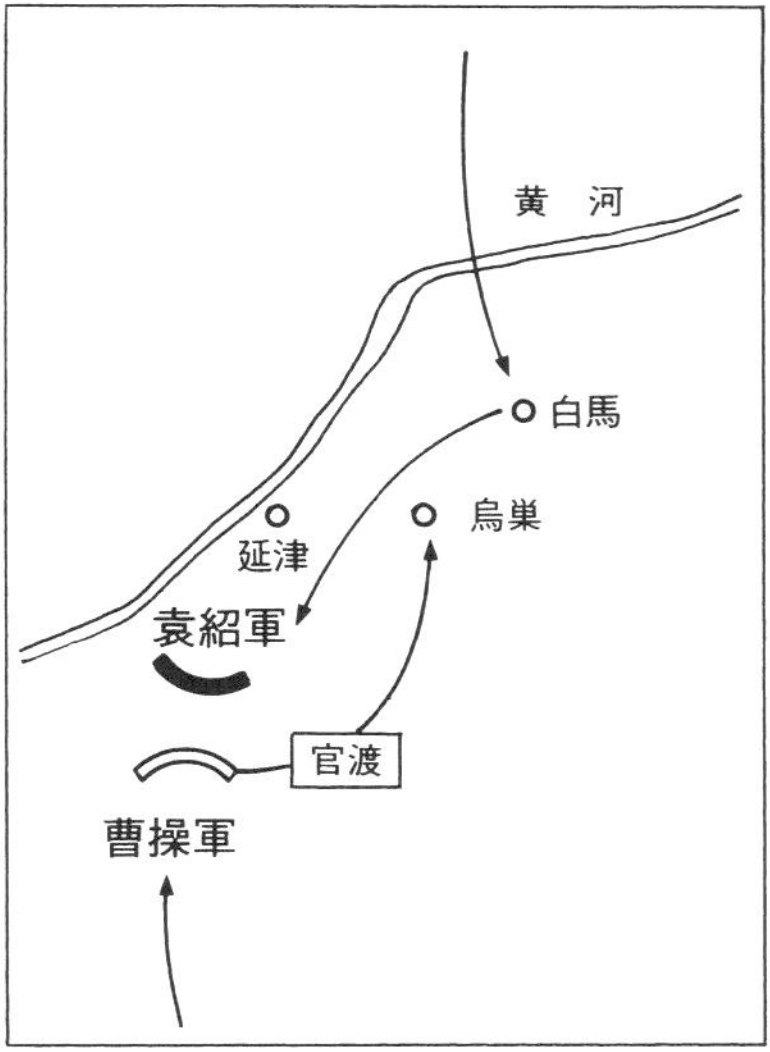

じじつ、曹操は局地的な戦いでしばしば勝利を収めはしたものの、袁紹の兵力のまえにじりじりと後退を余儀なくされる。かろうじて官渡に踏みとどまって防衛態勢を固めたが、ここでも曹操の劣勢は明らかである。

その曹操が逆転勝利をつかむ転機になったのは、敵の降服者がもたらした一つの情報だった。それによれば、袁紹側の軍糧や軍需物資が烏巣《うそう》という所に集積されており、守りも手薄だという。曹操はこれを聞くや、ただちに精鋭を選抜して夜襲をかけ、ことごとく焼き払った。

この一撃で、戦局はがらりと変わる。浮き足立った袁紹軍は、内部割れを生じて大混乱におちいり、もはや敵と戦うどころではない。袁紹軍は曹操側の総攻撃のまえに、なだれを打って敗走したという。

反乱者の士気をくじく

宋《そう》代のこと、漢州の監督官に薛長儒《せっちょうじゅ》という者が任命されていた。あるとき州兵が反乱を起こし、官舎のまえに陣取って口々に州知事や軍司令官を殺せと気勢をあげた。それを耳にした州知事や軍司令官は、ふるえあがって一歩も外に出ようとしない。

このとき、薛長儒は身を挺《てい》して外にとび出し、兵士の説得にあたった。

「おまえたちにも父母妻子がいるはずだ。どうしてこんなことをしでかしたのか。首謀者以外の者はそこからはなれよ」

この結果、附和雷同した者はみなおとなしくなった。首謀者八人だけが逃亡して民家に潜伏したが、まもなく全員とらえられた。この話を聞いた当時の人々は、「長儒がいなければ、とんでもないことになるところだった」と噂《うわさ》し合ったという。

反乱兵士の士気をうちくだいた薛長儒のやり方も、「釜底抽薪」の策略であった。

イギリス情報部の謀略

第二次世界大戦の初期、ドイツはイギリスの海軍力に対抗する新兵器として、U・ボート数十隻を建造、完成をまえに、それの乗組員数千名を青年のなかから募った。青年たちは、潜水艦にあこがれて、続々と志願する動きを示した。情報を入手したイギリス海軍情報部はただちに反宣伝を開始し、潜水艦勤務がどんなに危険であるかなどを書きしるしたビラを大量につくってドイツ国内にばらまいた。それればかりではない。さらに、ドイツ向けのラジオ放送を通じて、どんな仮病を使えば潜水艦勤務を免れることができるか、といったことまで流した。

その結果、ドイツの青年たちのあいだに、潜水艦勤務に対する拒否反応が生じ、募集工作は予定より数か月も遅延したという。

第二十計　混《こん》水《すい》摸《ぼ》魚《ぎょ》

●水を混《かきま》ぜて魚を摸《さぐ》る

ソノ陰乱ニ乗ジ、ソノ弱クシテ主ナキヲ利ス。随ハ以《モ》ッテ晦《ヒグレ》ニ向カエバ入リテ宴息《エンソク》ス。

敵が内部混乱を起こし、戦力が低下し指揮系統が乱れているのにつけこんで、こちらの思うように操縦する。それはちょうど、夕方になればだれでも家に帰って休息をとるようなもので、どこにもムリのないやり方だ。

〈解説〉

「混水摸魚」とは、相手の内部混乱に乗じて勝利を収める策略をいう。相手に混乱がなければ、まず、混乱を起こすように工作し、それにつけこんで始末する。

この策略で肝心なことは、つぎの二点である。
（1）相手の判断をまどわすような攪乱《こうらん》工作をし、指揮系統を乱しておいて、それにつけこむ。
（2）相手のなかにも、さまざまな勢力や派閥があるが、混乱のなかでもっとも動揺している部分にねらいをつける。

王陽明の謀略

明《みん》代の王陽明《おうようめい》は陽明学の始祖として知られているが、戦いの軍略にかけても、当代一流の人物であった。そのかれが軍司令官として寧《ねい》王の反乱を鎮圧したときのことである。寧王の側がすでに進撃を開始しているのに、陽明のほうは、まだ迎え撃つ態勢がととのっていなかった。いま相手に攻められたら勝ち目はない。

一計を案じたかれは、寧王の腹心である李士実《りしじつ》と劉養正《りゅうようせい》にあてて密書をしたためた。その内容は、こうである。

「わざわざそちらの様子を知らせていただき、朝廷に対する忠節の心に感じ入りました。このうえは一刻も早く打って出るよう、寧王にすすめていただきたい。寧王を本拠の南昌から切り離してしまえば、まさにこちらの思うつぼ、事は成ったも同然です」

こうしておいて、わざと捕らえておいた相手側の諜報員《ちょうほういん》を引き出して斬罪《ざんざい》に処する旨申し渡し、そのあとで、獄吏に命じてこっそりと、「わしは寧王殿に心を寄せている者だが、今度このような密書が手に入った。ついてはこれを寧王に渡してほしい」と耳打ちさせて密書を渡させ、そのうえで釈放させた。

こちらは寧王である。密書を見てすっかり考えこんでしまった。李士実と劉養正に今後の作戦計画をはかると、二人とも、一刻も早く南京をおとしいれて帝位につくことをすすめる。そう言われて、寧王はいよいよ疑心暗鬼にかられざるをえない。

こうして空《むな》しく十日余りが過ぎた。そのときになって、やっと寧王は相手の軍が集結しておらず、時間かせぎをしていたことを知り、まんまと陽明の謀略にはまったことに気づいたのである。

王陽明は、相手の判断をまどわして時間をかせぎ、それを勝利に結びつけたのだった。

ヒットラーの反撃

第二次世界大戦の末期、敗色濃厚な状態に追いつめられたヒットラーが、一気に退勢を挽回《ばんかい》しようとして決行したのが、「アルデンヌの戦い」である。一九四四年十二月、ヒットラーはフランス国境に近いアルデンヌの丘陵地帯に数十万の兵員と戦車二千輛《りょう》を集結させて総反撃に出た。

このとき、ドイツ側は英語に堪能《たんのう》な将兵二千人を選抜し、アメリカ軍の軍服を着せ、ぶんどった戦車やジープに分乗させてアメリカ軍の後方に潜入させている。かれらは、アメリカ軍にまぎれこんで交通線を遮断し、通信線を切断して攪乱《こうらん》工作を行ない、ある者は殺したアメリカ軍兵士になりかわって通過車輛《しゃりょう》の整理にあたり、相手の運輸を混乱におとしいれた。さらに、かれらの一部はマース河岸まで進出して橋梁《きょうりょう》を奪取し、主力軍を迎える準備工作までしている。

この特殊部隊の活躍で、一時、アメリカ軍の指揮系統は大混乱におちいった。

結局は、主力軍が進出をはばまれたため、かれらのせっかくの活躍も実を結ばなかったが、この作戦もまた「混水摸魚」をねらったものである。

第二十一計　金蟬脱殻《きんせんだつかく》

●金蟬、殻を脱す

ソノ形ヲ存シ、ソノ勢ヲ完《マット》ウスレバ、友疑ワズ、敵動カズ。巽《シタガ》イテ止《トド》マルハ、蠱《コ》ナリ。

布陣の態勢を堅持して、あくまでも守り抜く構えをくずさない。こうして、友軍には疑惑を抱かせず、敵には進攻する意欲をもたせないでおいて、ひそかに主力を移動させる。

〈解説〉

「金蟬脱殻」とは、現在地にとどまっているように見せかけながら移動する策略である。たとえば、敵が強大でこれ以上支えることができない、頑張れば頑張るほど損害を大きくするだけだと判断したときは、ひとまず撤退して巻き返しをはかるのが上策である。だが、策もなく撤退すれば、敵の追撃をうけて壊滅する恐れがある。そんなときは、あくまでも現在地にとどまっていると見せかけ、敵を釘《くぎ》づけにしておけば、それだけ時間がかせげて撤退作戦を無事に完了することができる。これが、「金蟬脱殻」の策略である。したがって、敵が気づいたときは味方はもぬけのからということになる。

この策略は、撤退作戦だけでなく、敵に気づかれずに移動したいときにも使われる。

劉邦、苦境を脱す

項羽《こうう》の覇権に挑戦した劉邦《りゅうほう》も、初めは苦戦の連続だった。たとえば滎陽《けいよう》に包囲されたときである。このときも、項羽の大軍にまわりをびっしりと固められたうえ、食糧も尽きて、絶体絶命のピンチに立たされた。劉邦としても最悪の事態を覚悟せざるをえない。

このとき、紀信《きしん》という将軍が語った。

「このままでは坐《ざ》して死を待つばかりです。私が敵の目をくらましますから、その隙《すき》に脱出してください」

これこれしかじかと策を進言した。

そこで劉邦は、紀信の進言どおり、夜、婦女二千にかぶとよろいをつけさせて東門から出した。項羽の軍は、「すわ、敵の反撃!」とばかり、東門に兵力を集中して襲いかかろうとする。

このとき、紀信が劉邦の御座車に乗って東門から押し出し、「食糧が尽きた。降服申す」と、よばわった。敵の将兵は、てっきり劉邦が降服してきたと勘ちがいし、期せずして万歳の声があがった。その隙に劉邦は数十騎とともに西門から脱出し、首尾よくピンチを脱したのである。

項羽は紀信を引見して詰問した。

「いったい劉邦はどこにいるのか」

「すでに脱出されたはずです」

項羽は腹立ちまぎれに紀信を焼き殺したという。

劉邦の「金蟬脱殻」の計は、紀信の犠牲があってはじめて成功したのである。

宋軍の撤退作戦

宋《そう》の時代、優勢な金《きん》軍を迎え撃った宋軍は、戦っても勝ち目はないと判断し、撤退を決意した。そのさい、陣地の上に旗印を立てたままにしておき、さらに何十頭もの羊を縄でつり下げ、前足のところに太鼓をすえ、羊がもがいて足を動かせば、自然に音を立てるように仕掛けておいた。金軍はこの太鼓の音を聞いて、宋軍がまだ陣地を死守しているものと誤認し、数日間も攻撃をしかけなかった。陣地がもぬけのからであると気づいたときには、宋軍はすでに遠くまで撤退していたのである。

キスカの撤退作戦

太平洋戦争の後半、日本は敗勢に転じ、アメリカ軍の進攻を受けた太平洋の島々で玉砕があいついだ。その皮切りになったのが、アリューシャン列島のアッツ島の玉砕である。この島を守っていた山崎大佐以下二五七六人の将兵は、その数一万一千をかぞえるアメリカ軍の上陸部隊を迎え撃って壮烈な最期をとげた。一九四三年五月のことである。

当時、日本軍はアリューシャン列島のもう一つの島キスカを占領していたが、アッツが奪回されたとなれば、つぎはキスカの番である。しかし、日本軍はこれ以上キスカを占拠していても戦略的価値に乏しいとして、キスカ部隊五六三九人の撤退を急ぐこととし、第五艦隊の主力を急行させた。なにしろ、空と海からアメリカ軍の目が光っているなかでの作戦であるから、容易なことではない。艦隊は折からの濃霧にはばまれて二度も救出に失敗、三度めにようやく晴れ間をみつけて入港に成功した。たまたまこの日は、アメリカの艦艇が給油のため周辺の海域から立ち去っていた。二つの幸運にめぐまれたとはいえ、こうしてキスカ守備隊は全員ぶじに救出された。

半月後、アメリカ軍はこの小さな島に三万五千もの大軍を投入して上陸作戦を敢行した。だが、恐るおそる上陸したかれらが霧の中に発見したのは、空っぽの兵舎と子犬三匹だけであった。てっきり日本軍がいると信じて上陸したかれらは、恐怖心から、敵と誤認して味方同士激しい銃撃戦を演じ、多数の死傷者まで出したといわれる。

第二十二計　関門捉賊《かんもんそくぞく》

——●門を関《とざ》して賊を捉《とら》える

小敵ハコレヲ困《クルシ》ム。剝《ハク》ハ、往《ユ》ク攸《トコロ》アルニ利《ヨロ》シカラズ。

弱小な敵は、包囲して殲滅《せんめつ》する。ただし、追いつめられた敵は、死にもの狂いで抵抗するから、深追いは避けなければならない。

〈解説〉

「関門捉賊」とは、包囲した敵をあくまでも攻めたてて一網打尽にする策略である。先に紹介した「欲擒姑縦《よくきんこしょう》」とは正反対の策略で、あちらが曲線的であるとすれば、こちらは直線的な発想と言ってよい。

「関門捉賊」の策略を実行する場合、二つの前提条件がある。

（1）敵が少数で、しかも弱いこと。強大な相手や、やる気満々の相手に対しては、この策略は使うべきではないし、使っても成功しない。

（2）相手をとり逃がしたら、将来、さらに大きな禍根を生ずる場合。こんなときは徹底的に殲滅しなければならない。

包囲した敵をあくまでも叩《たた》きつぶすか、あるいは「欲擒姑縦」のように一時見逃して脱出を許すか、いずれの策を採用するかは、その時々の情況判断によると言わざるをえない。ただ、「関門捉賊」の策略で警戒しなければならないのは、「窮鼠《きゅうそ》、猫を噛《か》む」反撃を喫することである。

『呉子』の兵法も、こう述べている。

「死にもの狂いの賊が一人、広野にのがれたとする。これに千人の追っ手をさし向けたとしても、ビクビクするのはむしろ追っ手のほうだ。なぜなら、賊が突然姿を現わして襲いかかってくるかもしれないからである。このように、たった一人の賊でも命を投げ出す覚悟を固めれば、千人をふるえあがらせることができる」

相手にこのような反撃の意欲をなくさせるには、どうあがいても逃げ道はないと思わせなければならない。

将来の禍根を絶つ

「欲擒姑縦」の場合は、かりに相手を逃してやっても害にはならない、いや、かえってプラスになるという読みがある。これに対し、「関門捉賊」は、逃せばマイナスにしかならない、だから思いきって相手の息の根をとめてしまえという発想である。

これを実行に移したのが、戦国時代最大の決戦といわれる「長平の戦い」だった。西暦前二六〇年、白起《はくき》の率いる五十万の秦《しん》軍と趙括《ちょうかつ》の率いる四十数万の趙《ちょう》軍が長平の地であいまみえた。このとき、白起はまず敗走すると見せて誘いこみ、趙軍の補給路を遮断した。その結果、趙軍は二つに分断されてしまう。やがて趙軍は食糧が尽きてくる。趙括は、なんとかピンチを脱しようと、みずから先頭に立って突撃戦を試みたが、秦軍に狙い打ちされて討ち死にする。残る数十万の趙軍は、戦意を失って降服した。

戦い終わってから、白起は降服してきた趙軍をどう処置するか、決断を迫られた。かれは、

「さきに、われわれが上党をおとしいれたさい、上党の民衆はわが国の領民になることを嫌って趙へ逃げた。趙の士卒にしても、いつ変心するか知れたものではない。将来に禍根を残さぬためには皆殺しにするほかはない」

こう言って、計謀を用いてことごとく生き埋めにしてしまった。四十数万のうち、許されて帰国できた者は、まだ幼少の二百四十人だけであったという。

この戦いで一気に壮丁を失った趙は、急速に国力の衰退を招いたのである。

呉王夫差の失敗

叩《たた》くときには徹底して叩き、将来の禍根を絶つというのが「関門捉賊」の発想だが、叩くべきときに叩くことをためらい、みすみす墓穴を掘ったのが呉王夫差《ごふさ》である。

春秋時代のこと、越《えつ》王句践《こうせん》に攻めこまれた夫差はこれを夫椒《ふしょう》の地に迎え撃って大勝した。敗れた句践は、敗残の兵五千をまとめて会稽山《かいけいざん》にたてこもったが、まわりをビッシリと呉軍にとり囲まれ、もはや脱出の見込みはない。やむなく重臣の文種《ぶんしょう》を使者に立てて和議を申し入れた。だが、夫差側の拒否にあって失敗、句践は、かなわぬまでも最後の一戦を挑む決意を固める。

このとき、文種が進言した。

「早まってはなりません。呉の重臣伯嚭《はくひ》は欲の深い男ですから、賄賂《わいろ》を贈れば話に乗ってくるでしょう。どうか内密に工作させてください」

そこで句践はもういちど文種を派遣し、ひそかに美女と財宝を伯嚭に贈った。伯嚭はよろこんで夫差との会見をとりはからってくれた。

夫差が文種の説得によって和議を受けいれようとしたところ、側近の伍子胥《ごししよ》が反対した。

「いま、とどめをささねば、かならず後悔する日がまいりますぞ。句践は名君、加えて臣下にも傑物がついております。生かしておけば、いずれわが国の憂いとなることは必至です」

だが夫差は伍子胥の反対論をしりぞけ、和議を受けいれて軍を引いた。

命拾いした越王句践は、以後、表面では夫差に臣従するふりをしながら、「嘗胆《しようたん》」して復讐《ふくしゆう》を誓い、二十年後、ついに夫差を破って会稽の怨《うら》みを晴らした。

夫差は、叩くべきときに叩くことを怠ったばかりに、結局は句践にしてやられる羽目になったのである。

第二十三計　遠《えん》交《こう》近《きん》攻《こう》

遠く交わり近く攻む

形禁ジ勢イ格《ソム》ケバ、利ハ近ク取ルニ従イ、害ハ遠隔ヲ以《モ》ッテス。上火下沢ナリ。

戦線が膠着《こうちゃく》状態におちいったときには、地理的に近くの敵を攻撃するのが有利である。近くの敵をとび越えて遠方の敵を攻めてはならない。遠方の敵とは、政治目的を異にしていても、一時的に手を結んで事にあたることができる。

〈解説〉

「遠交近攻」とは、文字どおり、遠方の国と同盟して近隣の国を攻める策略をいう。

多くの国が対立抗争している局面のもとでは、どこと手を結んでどこを攻めるかの選択は、死活の問題と言ってよい。そのさい、この「遠交近攻」は有効な策略だとされる。もともと『孫子』をはじめとする中国の兵法書は、遠方へ軍を送ることの愚をいましめている。なぜか。労多くして功少ないからである。その点、「遠交近攻」策は、じわじわと勢力圏を拡大し、少ない労力で多くの効果をあげることができる。

始皇帝の天下統一戦略

秦の始皇帝《しんのしこうてい》が対立する他の六か国をつぎつぎに滅ぼして天下を統一したときの戦略が、この「遠交近攻」だった。話は、始皇帝から三代まえの昭王《しょうおう》の時代にさかのぼる。当時、秦は近くに位置する韓《かん》、魏《ぎ》両国をとび越して、遠方の斉《せい》を攻撃しようとしていた。これを知って、范雎《はんしょ》という人物が「遠交近攻」の策を進言したのである。

「かつての斉の国にこんな例がありました。湣王《びんおう》の時代、南方の楚《そ》に攻めこみ、さんざん楚軍を撃ち破って千里四方もの領土を拡張したことがありますが、結局、せっかく手に入れた領土をすべて手放してしまったのです。なぜでしょうか。遠方の楚を攻撃しているあいだに、隣国である韓、魏両国の戦力を充実させ、足もとをすくわれた

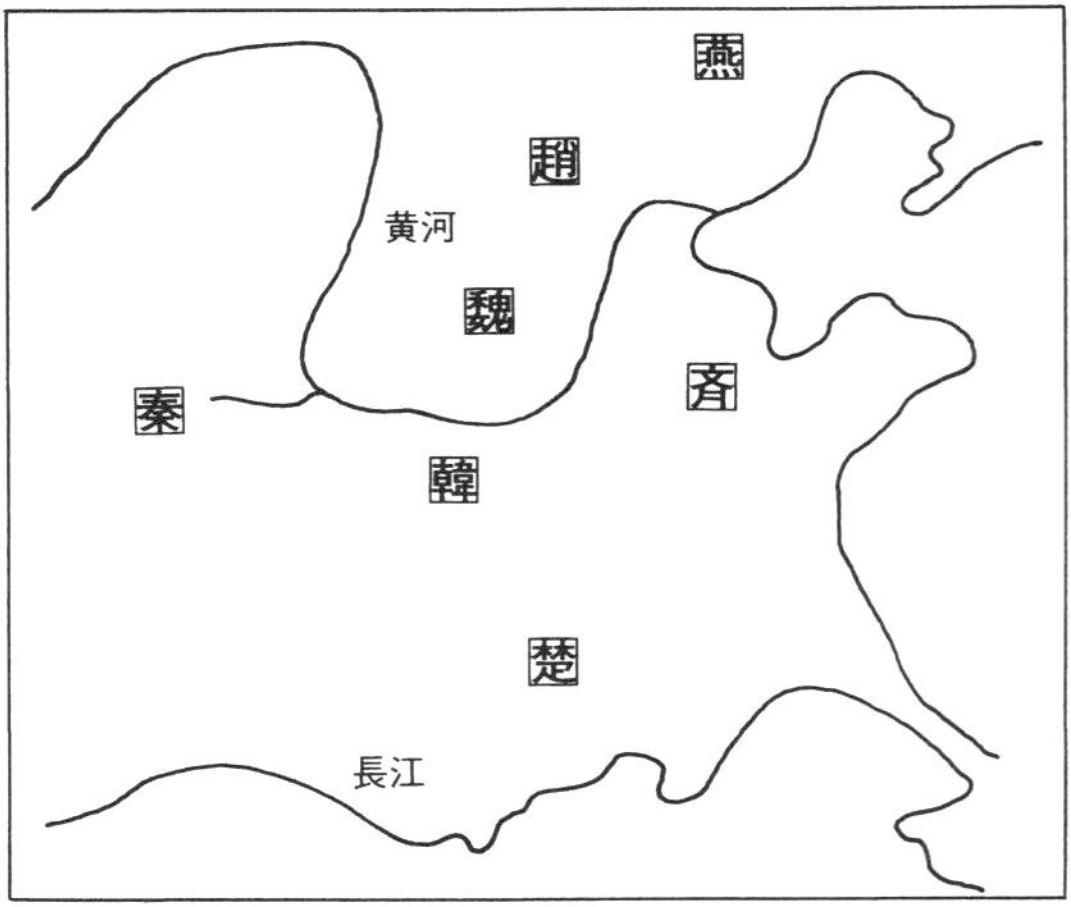

戦国時代形勢図

からです。諺《ことわざ》に〝賊に武器を貸す〟とあるのは、まさにこのことではないでしょうか。

　このことからもおわかりのように、逆に遠国と結んで近隣を攻めることこそ、最上の策と申すもの。一寸の地を得ればその一寸が、一尺の地を得ればその一尺が、王の領土となるのです。これを捨てて遠方の斉を攻めようとなさるのは、見当ちがいもはなはだしいと言わざるをえません」

　やがて秦は范雎のこの進言を国是として東方経略に乗り出し、始皇帝の時代、まず韓《かん》を滅ぼし、ついで趙《ちょう》を、さらに魏《ぎ》、楚《そ》、燕《えん》と、近い国からつぎつぎに併呑《へいどん》し、最後に斉《せい》を滅ぼして天下の統一を成しとげたのである。

現代の外交戦略

「遠交近攻」は、現代の外交戦略にも採用されている。たとえば、ベトナムはソ連と手を結び、物心両面にわたってソ連の援助を受けていた。そのねらいは言うまでもなく、インドシナ半島の制圧と、中国の重圧に対抗するためであった。ソ連にしても、遠くのベトナムを援助することは、国境を接する中国に対して有力な牽制《けんせい》になった。

中国もさるもの、ベトナムに重圧を加えるため、さらに南のカンボジアを支援し、さらにソ連を牽制するためには、あえてアメリカへの接近も辞さなかった。

また、カストロのキューバも、アメリカの重圧に対抗するためソ連と手を結んだ。ソ連もまたアメリカに対抗するため、キューバへの支援を惜しまなかったのである。

むろん、外交戦略には「遠交近攻」の逆もある。近隣諸国と手を結んで、より遠方の強国と対抗する策だ。だが、国境を接する国というのは、長い歴史的な因縁がからんでいて、お互いに対抗意識が強く、概して仲の悪いことが多い。そこに、「遠交近攻」が今でも有効性を失わない理由があるのかもしれない。

第二十四計　仮《か》道《どう》伐《ばつ》虢《かく》

● 道を仮《か》りて虢を伐《う》つ

両大ノ間、敵脅《オビヤカ》スニ従ヲ以《モ》ッテスレバ、我仮《カ》ルニ勢ヲ以ッテス。困ハ、言ウコトアルモ信ゼラレズ。

敵とわが方と二大国にはさまれている小国に対して、もし敵が軍事行動に乗り出してきたならば、わが方もすぐさま救援の名目で出兵し、支配下におかなければならない。こういう小国に対しては、口で約束するだけで実際行動に出なかったら、信頼をかちとることができない。

〈解説〉

「仮道伐虢」とは、小国の窮状につけこんでこれを併呑《へいどん》する策略である。ただし、軍を動かすには、それなりの大義名分がなければならない。相手が他国の攻撃をうけて救援を求めてくるようなときこそ絶好の機会だ。そんなときには、ためらわずに軍を送って影響力を拡大し、機を見て併呑する。そうすれば、国際世論の非難をかわしながら、労せずして勢力圏を拡大することができる。

判断を誤って国を滅ぼす

「仮道伐虢」は、『韓非子《かんぴし》』のつぎの話が出典になっている。春秋時代、晋《しん》という大国があり、その近くに、虞《ぐ》と虢《かく》の二つの小国が位置していた。あるとき、晋の献《けん》公という王様が、虞の国に道を借りて虢の国を攻めようと考えた。

荀息《じゅんそく》という臣下が計略を進言した。

「垂棘《すいきょく》の璧《たま》と屈《くつ》の馬を虞に贈って道を貸してくれるように申し入れることです。まちがいなく貸すでしょう」

「垂棘の壁は先君から伝えられた宝、屈の馬はわしにとってかけがえのない駿馬《しゅんめ》だ。むこうがもらうものだけもらっておいて道は貸さなかったら、どうするのだ」

「道を貸さない気なら、受けとりはしません。受けとって道を貸したら、こちらのものです。宝石は内倉から外倉に収めかえたと同じこと。馬は内側のうまやから外側のうまやにつなぎかえたと同じことです。ご心配にはおよびません」

献公はさっそく荀息を使者に立て、宝石と馬を虞公に贈って道を貸すように申し入れた。虞公は、宝石と馬に目がくらんで、申し入れを受けようとした。それをみて、宮之奇《きゅうしき》という臣下がいさめた。

「受けいれてはなりません。わが虞にとって、虢は車のそえ木のようなものです。そえ木は車に寄りかかり、車はそえ木に寄りかかる。虞と虢とはもちつもたれつ、まさに車とそえ木です。もし道を貸したら、虢が滅びたその日のうちにも虞は滅びるでしょう。いけません。この申し入れは拒否されたほうが賢明です」

だが虞公はききいれず、道を貸してしまった。

荀息は虢を討って帰国し、三年たつとまた兵をおこして虞を攻め、これを撃ち破った。荀息は、馬をひき、宝石をもってかえって献公にささげた。

「宝石はもとのまま、おまけに馬の大きくなったことよ」
献公はこう言って喜んだという。

ソ連のチェコ出兵作戦

一九六八年、ソ連が自由化を求めるチェコスロバキアに出兵し、つかのまの「プラハの春」に引導を渡したときにも、同様の手口を使っている。まず、ソ連は、出兵する三か月まえ、東ドイツ、ポーランド、ハンガリーなど五か国の軍をチェコ領のボヘミアの森林地帯に集めて合同軍事演習を行なった。これは、侵攻の予行演習のようなもので、じじつ、三か月後の侵攻ルートはこの地域から選ばれ、投入された軍も演習に参加した部隊が先陣をうけたまわった。

侵攻にさいしても、迅速にプラハを制圧するため、まずプラハ国際空港の占拠をはかった。まず、ソ連の輸送機一機が空港上空にさしかかったとき、機械に故障が発生したといつわって、緊急着陸を求めた。空港側が国際慣行にしたがって着陸を認めたところ、機内から突然、武装した七十名の先遣隊が姿を現わし、あっというまに空港を占拠した。そしてかれらは空港職員に通常どおりの執務を命じ、後続部隊の着陸を円滑ならしめたのである。

弱者の生き残り戦略

「仮道伐虢」は、強者が弱者を併呑《へいどん》する策略であるが、いずれにしても、強者が弱者を併呑するのは、その気になれば、むずかしいことではない。問題は、効率よく、しかも大義名分をそこなわないで、それを行なうことだ。「仮道伐虢」のねらいは、そこにあると言ってよい。

逆に、弱い立場のものが、強者に伍《ご》して生き残りをはかるのは、きわめて困難である。そのためには、つぎのような条件が満たされなければならないであろう。

（1）内部がまとまっていること。内紛や分裂があったのでは、強者につけこむ隙《すき》を与える。

（2）挑発的行動は避けること。そんなことをすれば、強者に「やる気」を起こさせてしまう。

（3）力をわきまえること。分不相応な言動は、強者の憎しみと怒りを買うだけだ。

（4）外交力を身につけること。紛争の解決には全面外交であたらなければならない。

第五部　併戦の計

同盟国と連合して戦う場合、相手が同盟国だからといって、心を許してはならない。あくまでも指導権を確保して強い統率力を示すこと。敵であれ味方であれ、けっして隙《すき》を見せてはならぬ。

第二十五計　偸《とう》梁《りょう》換《かん》柱《ちゅう》——●梁《はり》を偸《ぬす》み柱を換う

頻《シキ》リニソノ陣ヲ更《カ》エ、ソノ勁旅《ケイリョ》ヲ抽《ヌ》キ、ソノ自ラ敗ルルヲ待チテ、後コレニ乗ズ。ソノ輪ヲ曳《ヒ》クナリ。

しばしば相手の陣形を変えさせたり、ひそかに主力を移動させたりして骨抜きにしたうえ、相手の自滅につけこんで乗っとってしまう。車輪さえおさえてしまえば、車の運行方向を制御できるのと同じ理屈である。

〈解説〉

「偸梁換柱」とは、相手を骨抜きにしてしまう策略である。梁《はり》も柱も、家の構造を支える屋台骨だ。それをとりかえてしまえば、形は同じでも、中身はすっかり変わってしまう。それと同様に、相手にこれを使えば、戦力を弱め、抵抗の意欲を失わせることができる。

この策略は、敵国に対しても同盟国に対しても使われる。同盟国にこの手を使うのは、相手をこちらの言いなりに操縦するためであることは言うまでもない。

始皇帝の謀略

秦《しん》の始《し》皇帝は「遠交近攻《えんこうきんこう》」の策略でつぎつぎと対抗国を滅ぼし、西暦前二二一年、最後に残った斉《せい》の国を滅ぼして、ついに天下の統一を完成した。そのさい、始皇帝は武力討伐と並行して、徹底した謀略工作を行ない、相手の戦力と戦意を弱めることにつとめている。斉に対してもそうだった。

そのころ、斉では后勝《こうしょう》という者が宰相に任命されて国政の実権をにぎっていた。始皇帝はこの后勝に目をつけ、多額の金品を贈って買収した。一国の総理大臣を買収するのだから、さすがに中国はやることが大きい。后勝は、始皇帝の要請を受けいれ、自分の部下や賓客たちを大勢秦に送りこんだ。秦は、かれらを諜報《ちょうほう》要員として養成し、多額の金を与えて斉に送りかえした。秦の意をうけたかれらは、帰国後、さかんに秦の強大なることを宣伝し、口をそろえて戦争準備の中止を斉王に迫った。

のちに秦軍が斉の都臨淄《りんし》に迫ったとき、斉の人民は一人として抵抗する者がなかったという。諜報員の活躍で、国中がすっかり骨抜きにされ、抵抗の意志を失っていたのである。

ソ連のアフガン侵攻作戦

ソ連の対外戦略にとって、インド洋に出ることが長年の夢であった。そのような観点から、アフガニスタンへの侵攻もすでに一九五〇年代から準備されていたといわれる。すなわち、ソ連はアフガニスタン上層部の抱きこみをはかるため、軍や政府機関に六千名を超える顧問団や専門家グループを送り続けてきた。そして、それと並行して、さまざまな手段を使って反対派を弾圧、追放し、そのあとに親ソ分子を登用するよう迫った。

この結果、アフガニスタンの軍や機関の目ぼしいところはほとんど親ソ分子に押さえられていたのである。これもまた、「偸梁換柱」の策略というべきであろう。ソ連のアフガン侵攻作戦がやすやすと成功したのは、このような長年にわたる準備工作があったからだ。

ポストをめぐる抗争

「偸梁換柱」は、相手に影響力を行使するための、もっとも常套《じょうとう》な手法であり、現代でも、しばしば使われていることは周知のとおりである。

たとえば、新しい機関や組織をつくるとする。そんなとき、社長にだれが坐《すわ》るのか。役員人事はどうなるのか。新しい機関にメリットがあればあるほど、人事をめぐる抗争は熾烈《しれつ》をきわめる。先年、官民双方が入り乱れて鎬《しのぎ》を削ったNTT（日本電信電話会社）のケースなどは、その典型であったと言えよう。

また、相手の企業を吸収合併しようとする場合、株の買い占めなどという荒っぽいやり方もないではない。だが、それでは社会の指弾をあびる恐れがある。そこで、まず資金援助をし、ついで役員を送りこむ。こうして影響力を拡大していくのも、「偸梁換柱」の手法にほかならない。

さらに政党にしても、総裁や幹事長などの重要なポストをどの派閥が占めるかが、派閥抗争の火種となる。自派の勢力を拡大するためには、有力なポストを占めなければならない。息のかかった者を有力なポストにつけることができれば、それだけ優位に立って党内の死命を制することができるのである。

各派閥にとっては死活の問題であるから、それだけポスト争いの抗争がエスカレートするのだ。

第二十六計　指《し》桑《そう》罵《ば》槐《かい》

●桑を指《ゆび》さして槐《えんじゅ》を罵《ののし》る

大、小ヲ凌《シノ》グハ、警《イマシ》メテ以《モ》ッテコレヲ誘ウ。剛中ニシテ応ジ、険ヲ行ナイテ順ナリ。

強い立場にあるものが弱い立場のものを服従させるには、警告の方法を用いなければならない。適度に強い態度で臨めば、相手を服従させることができるし、断固たる態度で事にあたってこそ、相手を心服させることができるのである。

〈解説〉

「指桑罵槐」とは、もともと、ほんとうはA（槐）を批判したいのだが、正面きってやることがためられるといった場合、B（桑）をどなりつけることによって、間接にAを批判する手法をいう。古来からしばしば使われてきた。たとえば、先年の「批《ひ》林《りん》批《ぴ》孔《こう》運動」である。林彪《りんぴょう》や孔子を批判するかたちをとりながら、じつは周恩来《しゅうおんらい》を批判することがねらいだった。

ここでは、友好国や部下を手なずける策略としてとりあげられている。すなわち、友好国に対しては正面きって批判することがためられるし、部下に対しては頭ごなしにどなりつけても効果のあがらないことがある。そんなときは、それとわかるかたちで間接的に批判したり叱《しか》ったりするのがよい。これが「指桑罵槐」のねらいである。統率力を維持するための苦心の演技と言ってよいかもしれない。

司馬穰苴の組織統制法

春秋時代、斉《せい》の国に司馬《しば》穰苴《じょうしょ》という将軍がいた。兵法七書の一つ『司馬法』という有名な兵法書をのこしているが、燕《えん》の攻撃をうけたとき、この人物が将軍に任命されて出陣することになった。たまたまこのとき、寵臣《ちょうしん》の荘賈《そうか》という者が軍目付けに起用されて同行することになった。ところが荘賈は、出陣の当日、約束の刻限を大幅に遅れてやってきた。

「いかなる理由で約束の刻限に遅れられたのか」

「すまん、すまん。重臣や親戚《しんせき》どもが見送りにきたので、遅れ申した」

それを聞くと、穰苴は軍法官を呼び寄せて、ただした。

「軍法によれば、約束の刻限に遅れた者は、いかなる罪に該当するか」

「ハッ、斬罪《ざんざい》に該当します」

ふるえあがった荘賈は、人を走らせて王に報告し、救いを求めた。だが、その使いがもどるまえに、穰苴は荘賈を斬罪に処し、その旨を全軍に布告した。これで軍の綱紀はいっぺんにひきしまったという。

穰苴は、そこまでねらっていたかどうかはわからないが、少なくとも結果的には、「指桑罵槐」の手法で軍令を貫徹したことになる。

しかし、厳しさだけでは部下の心をとらえることができない。穰苴は出陣中、兵卒の宿舎、井戸、カマド、飲食の世話をはじめ、病兵に対する手当てのたぐいまで、みずから率先して事にあたった。

また、将軍としての給与をそっくりさいて兵卒の食糧にあて、自分はといえば、もっとも虚弱な兵卒と同じ分量しか受けとらなかった。
こうして三日後、軍を点検したところ、病兵までが出陣を願い、勇躍して戦いにおもむいたという。

厳と仁のバランス

日本人と中国人を比べると、組織に対する帰属意識は圧倒的に日本人のほうが高い。中国人は伝統的に組織よりも個人の生き方に重きをおいてきた。そういう中国人が組織管理として重視してきたのが「厳」、すなわち厳しい態度で部下に臨むことである。しかし、「厳」だけでは部下を心服させることができない。そこで必要になるのが「仁」、すなわち思いやりである。名将と呼ばれるような人々は、例外なく「厳」と「仁」のバランスを心がけてきたと言ってよい。

この点、日本人はもともと帰属意識が高いから、これを統率するのにそれほどの苦心は必要ないかもしれない。しかし、だからといって「厳」を欠けば、組織に甘えの構造を生みやすい。そうならないようにひきしめていくには、組織管理のうえで、やはり一本「厳」の要素が貫かれていなければならない。

プロ野球のさる監督は、チームに活を入れるときには、あらかじめ了解をえて「叱《しか》られ屋」を一人つくっておき、もっぱらその選手ばかり叱りつけたという。その選手が主将とか古参選手であれば、いっそう効果もあがるにちがいない。これなども、明らかに「指桑罵槐」の手法なのである。

第二十七計　仮《か》痴《ち》不《ふ》癲《てん》

痴を仮《いつわ》るも癲せず

寧《ムシ》ロ偽リテ知ラズトナシテ為《ナ》サズトモ、偽リテ知ヲ仮《カ》ルヲナシテ妄《ミダ》リニ為スコトナカレ。静ニシテ機ヲ露《アラ》ワサズ。雲雷、屯《チユン》ナリ。

利口ぶって軽挙妄動するよりは、むしろ、わざとバカになったふりをして行動を控えたほうがよい。したたかな計算を胸に秘めながら、外にあらわさないのである。それはちょうど冬の雷雲がじっくり力を蓄えて時を待つ姿にそっくりだ。

〈解説〉

「仮痴不癲」とは、バカになったふりをして相手の警戒心をやわらげる策略である。「痴」とは愚か、「癲」とは気ちがい。だから、「不癲」とは正常な判断力をもっていること。その上に立って愚かなふりをするというのが、「仮痴不癲」の計にほかならない。弱い立場、あるいは苦境に立たされたときに使われることが多い。うまく成功すればめざましい効果をあげるが、成功させる鍵は、もっぱら「仮痴」の演技力にかかっている。

司馬仲達の演技

『三国志』で諸葛孔明《しょかつこうめい》の好敵手であった司馬仲達《しばちゅうたつ》は、のちに魏《ぎ》王朝の功臣、元老として重きをなした。そのころのことである。朝廷内に名門出身の曹爽《そうそう》の勢力が台頭し、実権のない地位にタナ上げされた仲達は、一時、病気を理由に邸《やしき》にひきこもってしまう。しかし、仲達はなんといっても魏王朝の元老である。羽振りをきかせている曹爽らにとって、そんな仲達の存在が不気味でならない。そこで曹爽はあるとき、部下の一人を使者に立て、病気見舞いかたがた様子をさぐらせてみた。

使者は邸に請《しょう》じ入れられた。仲達の両脇には女中が二人介添えについていて、肩から衣服が落ちそうになると、また着せかけてやる。と、仲達は口のあたりを指さしながら、「アー、ウー」と女中に語りかけた。「なにか飲みものをくれ」と言っているらしい。女中がかゆのはいった茶碗《ちゃわん》をさし出したところ、それをすすりこもうとするのだが、みんなボタボタと胸のあたりにこぼしてしまう。話のうけ答えもさっぱり要領をえない。

使者は帰って曹爽らに報告した。

「仲達殿の言われることは支離滅裂で、ろくにかゆもすすれない始末だった。あの方もこれでおしまいでしょう。お気の毒なことです」

曹爽はすっかり安心し、仲達のことなど念頭におかなくなった。

一か月後、仲達は曹爽らの油断をとらえてクーデターを起こし、反対派を打倒して権力の座に返り咲いた。「仮痴不癲」の計がみごとに成功したのである。

見破られた「仮痴不癲」の計

明《みん》王朝の三代目を永楽帝《えいらくてい》という。太祖朱元璋《しゅげんしょう》の第四子で、若いときから「智勇ニシテ大略アリ」と称され、兄弟のなかではいちばんの傑物であったらしい。その能力を買われ、早くから燕《えん》王に封じられて北京に駐屯し、モンゴルの動きをにらんでいた。

やがて都の南京では太祖朱元璋が死去して、その孫が二代目の座につく。これを建《けん》文《ぶん》帝というが、燕王にとっては甥《おい》にあたる。

ところがこれをキッカケに、南京の朝廷と北京の燕王との関係はとかく円滑を欠き、やがて抜きさしならぬ対立関係に入っていく。なにしろ建文帝にとって燕王は叔父にあたる。その上、重兵を擁して北京に駐屯し、声望もまた高い。このまま放置しておけば、いずれは南京の朝廷を脅かすような存在になるにちがいない。建文帝側としては、できれば早いうちに燕王を始末して禍根を絶っておきたいところだ。そこで、手始めとして、北京に腹心の高官を送りこみ、燕王に対する監視態勢を強化した。

燕王としても、相手のそんな動きに、黙って手をこまねいていたわけではない。かれがまず採用した策は、狂人になったふりをして、相手の警戒心をやわらげることだった。つまりは「仮痴不癲」である。「王、内ニ自ラ危ウシトシ、狂ヲ佯《イツワ》リ疾《ヤマイ》ヲ称ス」(『明史』)とある。

あるときなど、北京の町へ出て人の酒食を巻きあげ、あることとないことわめきちらして狂人のふりをしたかと思えば、真夏の炎天下に炭をおこして、わざとぶるぶる震えてみせ、「おお、寒い、寒い」と口ばしるようなことまでしてみせたという。

だが、「仮痴不癲」の計は、これで相手をだましおおせればよいが、相手に見破られると、なんとも始末の悪いことになる。燕王の場合も、せっかく苦心の演技が相手側のスパイによって見破られ、相手の警戒心をいっそう高めることになった。その結果、両者の対立はやがて血で血を洗う骨肉の戦いにまで発展していくのである。

永楽帝という人は、こんな策を成功させるほど、人間がずるくできていなかったのかもしれない。

表だけの銅銭

バカなことをするように見せかけて、そのじつは綿密な計算をはたらかせている。

これが「仮痴不癲」の計の特徴であるが、つぎの話などもその好例と言ってよいかもしれない。

宋《そう》代に狄青《てきせい》という名将がいた。南方の異民族を討伐したときのことである。当時、そのあたりでは占いが盛んだった。そこで狄青は、兵士たちのまえで銅銭百枚をとり出し、こう語った。

「このたびの戦い、勝つか負けるか、まったく予測がつかぬ。いま、この銅銭を地面に投げてみる。表が出れば勝つはずだ」

かたわらの幕僚たちは、

「表が出なかったら、部隊の士気に影響しますぞ」

と、思いとどまらせようとした。バカなまねはおやめなさい、というわけである。

しかし、狄青はとりあわない。大勢の兵士の見守るなかで、銅銭をすべて地面にほうり投げた。ところが、なんと、百枚の銅銭ことごとく表が出たではないか。それを見て、全軍の将兵はどっと喜びの声をあげた。

狄青は、百枚の銅銭をそのまま釘《くぎ》で固定し、その上に布をかぶせてから、

「凱旋《がいせん》したら、神に感謝して銅銭を回収しよう」

と語り、ただちに前線におもむいて賊を撃ち破った。

凱旋後、幕僚たちが回収された銅銭を確かめてみたところ、両面とも同じ模様が鋳こんであったという。

いったい何ごとでごわすか

仲達《ちゅうたつ》や狄青《てきせい》の「仮痴」ぶりはまだ演技臭が濃厚であるが、これがさらに徹底すると、演技か生地か区別がつかなくなる。日露戦争のときの大山巌《いわお》の総司令官ぶりはその好例であった。みずから望んで満州軍総司令官に転出した大山巌は、作戦指導のいっさいを知謀の総参謀長児玉源太郎にまかせ、みずからは児玉が存分に腕をふるえるような根回し役に徹した。

奉天会戦のさなか、大砲の音がいんいんとこだまする総司令部に姿を現わした大山は、緊張の色をかくせない児玉に向かって、こう語りかけたという。

「児玉どん、児玉どん、どげんしたにゃ、今日は早くから大砲の音がやかましか。いったい、何ごとでごわすか」

戦争の進行など、我関せずの態度である。しかし、実際はどうだったのか。

晩年、大山は、孫たちから、

「おじいちゃま、大将というのは、どんな心がけで戦《いくさ》をするものですか」

と聞かれたとき、

「うん、知っちょっても、知らんふりをすることよ」

そう言って、いたずらっぽく笑っていたという。

老子のことばに、「君子ハ盛徳アリテ容貌《ヨウボウ》愚ナルガゴトシ」とある。指導者たるものは、知謀を奥深く秘めているので、見たところ愚人のようにしかみえない、それが理想のあり方だ、という意味である。大山巌はそれに近い人物であったように思われる。

第二十八計　上《じょう》屋《おく》抽《ちゅう》梯《てい》

●屋に上げて梯《はしご》を抽《はず》す

コレヲ仮《イツワ》ルニ便ヲ以《モ》ッテシ、コレヲ唆《ソソノ》カシテ前《スス》マシメ、ソノ援応ヲ断チ、コレヲ死地ニ陥《オト》ス。毒ニ遇《ア》ウトハ、位当タラザレバナリ。

わざと誘いの隙《すき》を見せて敵を引きつけ、後続部隊を断ち切って包囲殲滅《せんめつ》する。敵がそんな結果を招くのも、もとはといえば、こちらのバラまいた利益にとびついたからである。

〈解説〉

「上屋抽梯」とは、二階にあげておいてハシゴをはずしてしまうことで、軍事上の策略としては、つぎの二つの意味を含んでいる。
一、食いつきそうなエサをばらまいて、敵を暴進させ、後続部隊との連携を断ち切って、これを撃滅する。
一、みずから退路を断って背水の陣をしき、兵士が必死の覚悟を固めて戦うように仕向ける。
いずれにしても、ずいぶんと思いきった作戦で、これを成功させるためには、深い読みと周到な準備を必要とする。
もう一つ「上屋抽梯」で注目されなければならないのは、ライバルをおとしいれるための政略として使われる場合である。むしろ、こちらのほうがより現代的であるかもしれない。

李林甫の「上屋抽梯」

唐《とう》の玄宗《げんそう》皇帝に仕えた宰相に李林甫《りりんぽ》という人物がいた。「口ニ蜜《ミツ》アリ、腹ニ剣アリ」と称せられているように、腹黒い陰謀にたけていたといわれる。この李林甫宰相の政敵に厳挺子《げんていし》という人物がいたが、地方に左遷されていた。

あるとき、玄宗がこの厳挺子のことを思い出して、李林甫に語りかけた。

「そうそう、厳挺子という男がいたなあ。あれは有能な奴《やつ》だったが、いまどこにいるか」

李林甫は退出すると、挺子の弟を呼んでこう語った。

「帝はそなたの兄上に、ことのほか目をかけておられる。このさい、帝にお目にかかっておいたほうがよいと思うが、地方においてはそれもままなるまい。どうだろう、中風にかかっていることにして、都に帰って養生したいと願い出てみては。そなたから兄上に言ってやるがよい」

厳挺子は弟から連絡をうけると、喜んで上奏文をしたため、帰京を願い出た。

玄宗は、どうしたものかと林甫にはかった。林甫はこう答えている。

「挺子は老いぼれて中風になっているのです。閑職に遷《うつ》して養生に専念するようお命じになったほうがよろしいでしょう」

李林甫はこうしてライバル復活の芽をつみとったのである。

項羽の「破釜沈舟」の計

『孫子』の兵法は、兵士に死力を尽くして戦わせる方法として、つぎのことをあげている。

「いったん任務をさずけたら、二階にあげてハシゴをはずしてしまうように、退路を断ってしまうことだ。敵の領内に深く進攻したら、弦を離れた矢のように進み、舟を焼き、釜をこわして、兵士に生還をあきらめさせなければならない」

このような戦い方を得意とした将領に、項羽《こうう》がいる。

たとえば、秦《しん》軍に包囲された鉅鹿《きょろく》の同盟軍の救援におもむいたときのことである。全軍を率いて黄河を渡るや、ただちに舟を沈め、釜をうち壊し、兵舎の天幕を焼き、わずか三日分の食糧しか携帯させなかった。こうすることによって、全将兵に生還を期することなく、決死の覚悟で戦うよう求めたのである。

はたして鉅鹿にかけつけたかれらは、一人で十人を相手にする奮戦ぶりで、あまりのすさまじさに、敵も味方もただ息をのむばかりであったという。

これが、項羽の「破釜沈舟《はふちんしゅう》」と呼ばれる計謀であるが、これなども「上屋抽梯」の応用であったことは言うまでもない。

補給に苦しんだ孔明

みずからを「上屋抽梯」の状態において兵士に奮起を促した項羽《こうう》のような戦い方は、短期決戦のときは大きな威力を発揮する。だが、長期間の持久戦ともなれば、そうはいかない。

その典型がかつての日本軍の戦い方だった。もともと日本軍には兵站《へいたん》を軽視する思想が強かったといわれる。そのせいか、太平洋戦争でも、たびたび補給無視の作戦が強行され、インパールのような悲劇を生んだ。

その点、『三国志』で見せた諸葛孔明《しょかつこうめい》の作戦はあくまで慎重だった。

孔明は、劉備《りゅうび》亡きあと、その遺詔を受け、数回にわたって大規模な遠征を敢行し、ライバルの魏《ぎ》に戦いを挑んだ。だが、この戦い、初めから苦戦を覚悟せざるをえない。なぜなら、第一に、相手の魏は国力の点で孔明の蜀《しょく》に数倍する大国である。第二に、蜀から魏領に打って出るには秦嶺《しんれい》山脈と呼ばれる高い山々を越えなければならない。

当然、補給が困難を極めた。

国力のちがいは、作戦指導の面で補うことができるかもしれない。だが、補給困難だけは、知恵者の孔明をもってしても、いかんともしがたかった。これには、さすがの孔明も、最後まで悩まされ続ける。

だが、孔明はけっしてムリをしない。補給続かずと見るや、ひとまず撤退して戦力を温存し、つぎの戦いに備えるのが常だった。「上屋抽梯」の状態になることを恐れ、石橋を叩《たた》いて渡るような作戦に徹したのである。

その結果、遠征の目的を達することができないで終わったが、しかし、負けてもいないのである。初めから劣勢な孔明の側としては、善戦と言ってよいだろう。かつての日本軍とは、大きなちがいである。

ハシゴをはずして火をつける

本田技研は、若い世代にアッピールするチャレンジ精神に富んだ会社として知られている。それだけにまた、社員の創造意欲を喚起することに熱心だといわれている。

先年、従来の車の常識を破る「高くて短いクルマ」——シティを開発したときのこと、その開発にあたったのは、平均年齢二十七歳の設計関係者のなかでも、いちばん若い層であった。しかも、この若いプロジェクト・チームに対して、当時の経営陣はいっさい口出ししないことを約束した。ただ、その任せ方は完全な自由放任ではなく、強い責任をもたせる委譲であったといわれる。

このやり方について、経営側はつぎのように語っている。

「研究者に仕事をさせるとき、ふだんは厳しくしながら、あるときはゆるめてやるのです。すると、そこからピュッと噴き出してくるものには、相当ジャンプがあるんです。それをうまく見ていて、つみあげるのがいいんじゃないか。あんまり野放図というわけにもいかんが、ある場合には、思いきって目標と責任を与えて、後はなにも言わない。二階へ上げてハシゴをはずし、後は飛び降りてこいよ、降りられない奴《やつ》はそれまでだ、というスタイルですね。人間は、ギリギリの極限状態まで追いつめたところで創造性が生まれるんじゃないですか」

たしかに、こういうスタイルなら、若い世代のもっている可能性を百パーセント引き出すことができるかもしれない。本田技研のこのやり方を、「二階へ上げてハシゴをはずし、さらに、下から火をつける」と評している人もいる。

第二十九計　樹《じゅ》上《じょう》開《かい》花《か》

――●樹上に花を開《さか》す

局ヲ借リテ勢ヲ布《シ》ケバ、力小ナレドモ勢大ナリ。鴻《カリ》、逵《キ》ニ漸《スス》ム、ソノ羽モッテ儀トナスベシ。

さまざまな手段を採用して優勢に見せかければ、たとい弱小な兵力でも強大に見せることができる。雁《かり》が空を飛ぶ姿を見るがよい。翼をいっぱいにひろげて、意気さかんなさまを示しているではないか。

〈解説〉

「樹上開花」とは、大兵力に見せかける策略である。『孫子』の兵法に、

「兵力劣勢なら退却せよ」

とある。「樹上開花」も、兵力劣勢なときの策略であるが、こちらのほうは、大兵力に見せかけて敵を威圧せよというのである。ただし、退却するにしても威圧するにしても、しばらく戦いを避けて時をかせぐという点では変わりがない。

八路軍のカマドの計

毎日カマドの数をふやして大軍が来援したように見せかけたケースを第十五計で紹介したが、八路軍も解放戦争のなかで同じような策略を使って国民党軍をひきずりまわしている。

一九四七年冬、河南省西部の伏牛山一帯で遊撃活動をしていた八路軍の陳賡《ちんこう》兵団は、優勢な国民党軍をまえにして、しばらくは主力決戦を避けなければならなかった。そこで、おとりの部隊をくり出して、主力の出撃と見せかけ、相手をひきずりまわす作戦に出た。おとり部隊は、わざと敵の目につくように南下を開始し、敵が気づかないと知るや、また迂回《うかい》して同じ道を行軍した。野営するときはたくさんのカマドをつくって大部隊の移動に見せかけた。

だが、敵もさるもの、簡単にはひっかからない。そこで、おとり部隊は鎮平《ちんぺい》という県城を攻撃し、あくまでも主力の出撃であるように印象づけた。これで敵は主力を出動させて決戦を挑んできた。おとり部隊は撤退しながら敵をひきつけ、ひきつけておいてはひき離し、しかも、わざともうもうと土煙をあげながら行軍したり、大量の背嚢《はいのう》を遺棄したりして、あくまでも兵団主力の出動であるかのように見せかけた。

国民党軍はこれにすっかりまどわされ、おとり部隊を主力と誤認して数か月間も追いまわしたという。その間に兵団主力はじっくりと休養して、やがてくる決戦のときに備えたのである。

ソ連の欺瞞作戦

永井陽之助氏の『現代と戦略』に、つぎのようなエピソードが紹介されている。

一九七〇年代初め、ソ連領土上空の偵察衛星カメラが、ムルマンスク近くのポルヤニー港に停泊中のソ連北洋艦隊に、大陸間弾道ミサイル搭載の潜水艦があらたに何隻も加わっているのを発見した。ところが、バレンツ海に数日間暴風が吹きまくって、偵察衛星カメラがうまく作動しなくなった。暴風一過、ふたたびカメラが作動したとき、驚いたことに、その新型潜水艦の半数が、ゆがんだり、傾いたりしているではないか。なんとそれは、鋼鉄製ではないことがわかったのである。

かつてソ連の軍需工場の高級技師であった人物の語るところによれば、かれの任務は木製のニセ兵器をつくることにあった。「それは本物そっくりだった。その製作のため、特別の住宅が建設され、その工場設備のまわりも完全に偽装されていた」と述べている。リガ港の対岸にあるサーレマー島基地には、多数の本物のミサイルが配備されていたが、かれの勤務していた当時、ニセのミサイルの数のほうが本物より多かったという。

永井氏はこれらのエピソードを紹介したあとで、つぎのように語っている。

「むろん、この種の欺瞞《ぎまん》作戦は、西側をあざむき、混乱させる戦術的意図をもつものにすぎない。が、戦略的レベルでも、ソ連は過去三十年にわたって、実力をかくし、合衆国はじめ西側世界に、実力以上にみずからをみせかけるため、必死の努力をはらってきたと思われるフシがある」

第三十計　反客為主《はんかくいしゅ》

——●客を反して主と為《な》す

隙《スキ》ニ乗ジテ足ヲ挿《サ》シ、ソノ主機ヲ扼《オサ》エヨ。漸ノ進ムナリ。

相手に隙があれば、すかさずつけこんで、権力を奪い取る。ただし、手順を追って一歩一歩目的を達成しなければならない。

〈解説〉

「反客為主」とは、客の立場にあるものが主人公の座に居なおる策略である。つまり受動的状態にあったものが主導権を奪取することだ。戦いにさいしては、主導権を確保して敵をこちらのペースに乗せることが肝要だ、と『孫子』も語っている。だが、客の立場にとどまっていたのでは、主導権を握ることはできない。そこで、「反客為主」の策略が意味をもってくるのである。

しかし、この策略を実現するためには、時間をかけ、手順を追って進めなければならない。
(1) まず、客の座をかちとる
(2) 主人の弱点をさがす
(3) 行動を開始する
(4) 権力を奪取する
(5) 主人にとって代わる
(6) 権力を固める
要するに、客の座（受動の状態）にとどまっているうちは軽挙妄動せず、隠忍自重して時を待たなければならない。

隠忍自重した劉邦

項羽《こうう》と劉邦《りゅうほう》は、反秦《はんしん》連合軍傘下の大将としてそれぞれの軍団を率い、別々のルートで秦の都咸陽《かんよう》をめざした。連合軍のなかでは項羽の軍団が主力で、劉邦の部隊は別働隊といったところであるが、皮肉にも咸陽一番乗りをはたしたのは、劉邦の部隊だった。先を越された項羽としては面白くない。腹立ちまぎれに、劉邦討伐を決意する。

このとき、劉邦の部隊は十万、項羽の軍団は四十万。受けて立ったとしても勝ち目はない。やむなく劉邦は、わずかな供をつれて項羽の軍におもむき、謝罪の意を表した。これが史上有名な「鴻門《こうもん》の会」である。劉邦になにひとつ落ち度があったわけではない。力では対抗できないので、忍びがたきを忍んで頭を下げたのだった。

まもなく行なわれた戦後の論功行賞でも、主導権を発揮したのは項羽である。このときも劉邦は不公平な扱いをうけている。咸陽一番乗りをはたした者に関中の地を与えるというのが連合軍内部のとりきめだった。ところが、劉邦に与えられたのは関中ではなく、漢中という辺鄙《へんぴ》な地方だった。これにはさすがに劉邦も頭にきて、一戦を辞さずと息まいたが、参謀らの進言にしたがって、しぶしぶながら漢中におもむいた。いま戦っても勝ち目はない、ここは我慢のしどころと考えなおしたのである。

しばらく漢中にひきこもっていた劉邦は、やがて項羽の失点に乗じて兵を挙げ、項羽にとって代わって天下を手中におさめた。

「反客為主」の計を成功させるためには、その準備段階として、劉邦のような隠忍自重が望まれるのである。

司馬家三代がかりの執念

司馬仲達《しばちゅうたつ》は若いころから、できる男として評判が高かった。それに目をつけたのが、当時、日の出の勢いにあった魏《ぎ》の曹操《そうそう》である。仲達はこの曹操に見出されて、魏に仕えることになった。だが、初め両者の関係はしっくりいかなかったらしい。

たとえば、こんな話がある。仲達がまだ太子（曹丕《そうひ》）付きであったころ、曹操は、三頭の馬が同じかいば桶《おけ》に首をつっこんでいる夢をみて、曹丕に、

「仲達にわが家を乗っとられる恐れがあるから、あの男には十分注意せよ」

と語ったという。あるいは曹操のことだから、今のうちに亡き者にしてしまえというくらいのことは言ったのかもしれない。

だが仲達は、それほど曹操にきらわれながら、まめまめしく曹操に仕え、ひたすら職務に精励することによって、しだいに相手の警戒心を解いていった。このあたりからして、すでに只者《ただもの》ではない。そしてかれは、曹操が死去して曹丕の代になるとその

腹心におさまり、曹丕が死去してからは元老として魏王朝に重きをなした。

だが、かれはあくまでも臣下として終始する。司馬家が魏王朝を乗っとって晋《しん》王朝をおこすのは、仲達の孫司馬炎《えん》の代になってからである。つまり司馬家は親子から孫の三代がかりで「反客為主」の計を実行に移したのである。

第六部　敗戦の計

絶体絶命のピンチに立たされても、最後まであきらめてはならぬ。意志あれば道あり。逆転勝利の秘策はいくらでもある。いよいよかなわぬときは逃げ出せばよい。それが明日の勝利につながるのだ。

第三十一計　美人計《びじんけい》

美人の計

兵強キハ、ソノ将ヲ攻ム。将智ナルハ、ソノ情ヲ伐《ウ》ツ。将弱ク兵頽《クズ》ルレバ、ソノ勢イ自ラ萎《シボ》マン。利モテ寇《コウ》ヲ御シ、順ニシテ相保ツナリ。

兵力強大な敵に対しては、指揮官をまるめこむ。相手が知謀の指揮官なら、策を講じてやる気をなくさせる。指揮官も兵士もやる気をなくせば、相手は自然に崩壊する。こうして相手の弱点につけこんで自由にあやつることができれば、局面を打開して存立をはかることができる。

〈解説〉

「美人の計」とは、もともと女を使って相手のやる気をなくさせる策である。兵法書の『六韜《りくとう》』に、

「厚ク珠玉ヲ賄《マイナ》イテ、娯《タノシ》マシムルニ美人ヲ以《モ》ッテス」

「美女淫声《インセイ》ヲ進メテ以ッテコレヲ惑ワス」

とあるが、これが「美人の計」にほかならない。要するに、相手を籠絡《ろうらく》して、やる気をなくさせるのが、この策略の眼目である。多くの場合、弱者が強者に対して用いるが、もちろん、その逆の場合もありうる。

越王句践と西施

春秋時代の末期、呉王夫差《ごふさ》に敗れ、会稽山で屈辱的な和議を結ぶ羽目におちいった越《えつ》王句践《こうせん》は、許されて帰国したあと、いつもかたわらに干した胆《きも》をおき、起き臥《ふ》しのたびにその苦さを味わいながら、

「句践よ、会稽の恥を忘れるでないぞ」

と自分に言いきかせたという。

このとき、句践は将来の復讐《ふくしゅう》戦に備えて二つの手を打っている。

一つは、国内政治の改革である。みずから率先して農業労働に従事するとともに、広く人材を招いて協力を求め、初心にかえって国政の立て直しと軍事力の増強につとめた。

もう一つは、対夫差工作である。国力の充実をはかるためには、夫差を油断させておいて、時間をかせがなければならない。その工作の一環として、女を使って夫差を骨抜きにしようとかかった。

しかし、男をとりこにするには、それだけの魅力をそなえた女でなければならない。さっそく国中に触れを出して美女を求めたところ、苧蘿《ちょら》山のふもとに住む薪売りの娘で、西施《せいし》という美女を手に入れることができた。だが、そのままでは、いかに美女とはいえ、山出しの娘にすぎない。そこで句践は、西施を都に呼び寄せ、化粧のしかたから歩行法まで、所作万般にわたって特訓をほどこすことにした。いわば、ホステス修業である。特訓は、三年も続けられたという。

三年の特訓を終えた西施は、呉につかわされて、夫差に目通りした。夫差は一目見て気にいり、さっそく側室の列に加えて寵愛《ちょうあい》したといわれる。

「美人の計」にはまった夫差は、徐々に句践に対する警戒心を解き、やがて、油断につけこまれて句践に滅ぼされてしまった。

周の文王も使った

暴君として知られる殷《いん》の紂《ちゅう》王の時代、諸侯の一人だった西伯《せいはく》という人物が、立派な政治を行なって諸侯の人望を集めていた。それを見て、紂王にこう中傷した者がいた。

「西伯が善政を行なって、諸侯の心をつかんでいます。いまのうちに始末しなければ、この先、よからぬことが起こりましょうぞ」

そこで紂王は西伯をひっとらえて幽閉した。このままでは西伯の命が危ない、そう判断した西伯の部下たちは、さっそくとびきりの美女と駿馬《しゅんめ》、それに珍奇な品々を求め、寵臣《ちょうしん》を通じて紂王に献上した。喜んだ紂王は、

「これほどのものを贈られたからには、西伯を許さないわけにはいかぬ」

と言って、西伯を釈放し、もとの地位にもどしてやったという。

西伯もまた「美人の計」で難を免れたのである。

のちに西伯の子の武王《ぶおう》は、紂を滅ぼして周《しゅう》王朝を建てた。西伯とは、周王朝の始祖とされる文王《ぶんおう》その人である。

香妃のねらいはどこにあったのか

「美人の計」のねらいは、相手を籠絡《ろうらく》することにだけあったわけではない。可能性としては、

一、情報の収集
一、相手の暗殺

なども考えられる。この二つのケースは、中国の史書にはっきりとしたかたちでは出てこない。だが、なにしろ美人は、相手のトップの側《そば》近く送りこまれていく。その気になれば、この二つのことも容易にできたはずである。

たとえばこんな話がある。清《しん》の乾隆帝《けんりゅう》の時代、西域のモンゴル族に、香妃《こうひ》と呼ばれる妃《きさき》がいた。その名のとおり、つねにかぐわしい香りをその肉体から放つ美女であったという。乾隆帝はそれを聞いて、なんとか手に入れたいと思った。そこで西域に討伐軍を送り、一族を殺して首尾よく香妃をとらえてきた。

ところが、いざ寵愛《ちょうあい》しようとすると、いっかな言うことをきかない。ついには、袖の中から白刃をとり出して、これで刺し殺してやるとうそぶく始末。やむなく乾隆帝は、大奥の老女に命じて刃物をとりあげようとした。

すると香妃はにっこり笑って、

「むだですわ。下着のなかに、まだ何十本もあるんですから」

と語ったという。

それでも乾隆帝は香妃に執心したが、心配した帝の母親は、息子に内緒で、宦官《かんがん》に命じて殺してしまったという。

これで見ると、香妃には乾隆帝を殺そうという意志はなかったようだが、その気になれば、いくらでもチャンスはあったかもしれない。

第三十二計　空《くう》城《じょう》計《けい》

●空城の計

虚ナルハコレヲ虚ニシ、疑中ニ疑ヲ生ゼシム。剛柔ノ際、奇ニシテマタ奇ナリ。

味方の守りが手薄なとき、ことさら無防備であるように見せかければ、敵の判断をまどわすことができる。兵力劣勢なときにこの策略を使えば、思わぬ効果をあげることがある。

〈解説〉

「空城の計」とは、味方が劣勢で勝算が立たないとき、わざと無防備のように見せかけて敵の判断をまどわす心理作戦である。この作戦のねらいは、敵に勝利することではなく、時間をかせいで、敵の攻撃を回避する点にある。土壇場に立たされて、死中に活を求めるときに使われることが多い。

「空城の計」を一躍有名にしたのは、諸葛孔明《しょかつこうめい》がこの策略を採用して司馬仲達《しばちゅうたつ》の大軍を退けた故事であるが、しかしこれはあくまでも小説のフィクションにすぎない。だが、この策略は、実際の戦いでもしばしば採用されて成功をおさめてきた。

孔明の「空城の計」

小説の『三国志演義』によれば、孔明の「空城の計」は、つぎのように描かれている。

馬謖《ばしょく》の率いる先鋒《せんぽう》軍が大敗したとの知らせを聞いて、孔明はすぐさま全軍に撤退を命じるとともに、みずから西城《さいじょう》へ退いて糧秣《りょうまつ》の運び出しにかかった。その間にも、早馬がひきもきらず、

「仲達が十五万の軍勢を率い、西城へ押し寄せてきますぞ」

と知らせてくる。このとき、城内にはわずか二千五百の守備兵しかいない。まわりの参謀たちは、みな顔色を変えた。だが、孔明は、

「旗指物をおろせ。全員、物見台にあがって持ち場につけ。よいか、かってに動きまわってはならんぞ。大声を出す者は斬《き》って捨てる！」

こう触れると、四方の城門を開かせ、各門ごとにそれぞれ二十人の兵士に領民の身なりをして道を掃いているように命じ、

「わしによい考えがある。よいか、魏《ぎ》兵が押し寄せてきても、騒ぎたててはならんぞ」

と、言いふくめた。

孔明自身は、戦闘服を捨てて道士のいでたちとなり、琴を手に、二人の童子を伴って城楼にあがり、敵の大軍をまえに、のんびりと香をたき琴を弾じはじめた。

城外に殺到した仲達は、これを見て首をかしげ、

「引け、引け！」

と、全軍に撤退を命じた。側《そば》にひかえていた息子の司馬昭《しよう》が、

「お父上、孔明は城内が手薄なので、わざとあんなことをやっているのではございますまいか。むざむざ兵を引くのは、いかがかと思われますが」

と進言したところ、仲達はこう答えた。

「いやいや、孔明はもともと慎重な人物で、これまで一度として危険をおかしたこと

がない。いま、あのように城門をあけはなっているのは、伏兵がいる証拠じゃ。攻め寄せれば、かれの術中におちいるは知れたこと。おまえごときの知ったことではないわい。ここは一刻も早く引かねばならんのじゃ」

かくて仲達の大軍は潮の引くように引いていく。あっけにとられた城側の将兵が、わけをたずねたところ、孔明は、こう答えたという。

「仲達は、わしがいつも用心深く、危険をおかす男でないと思っているから、さきほど様子を見て伏兵を疑い、それで兵を引いたのじゃ。わしとて好んで危険をおかしたわけではない。万やむをえずああしたまでのことじゃ」

これが、「空城の計」の原型とされる孔明の故事であるが、先ほども述べたように、当時の情況から判断すれば、実際にはありえない話で、あくまでもフィクションにすぎない。しかし、この話には、「空城の計」の性格とそれを成功させる三つの条件が示唆されている。

一、「空城の計」は、窮地に立たされたときの勝負手であること。

一、ふだん、慎重な用兵に徹してきた孔明だからこそ、このような勝負手が成功したこと。

一、相手がこれまた智将の仲達だからこそ、この策略に引っかかったこと。

張守珪の「空城の計」

実際に「空城の計」を使って成功した例も少なくない。たとえば、唐代《とう》の張守珪《ちょうしゅけい》の場合などは、その一例である。

唐の玄宗《げんそう》皇帝のとき、吐蕃《とばん》（チベット）という異民族が瓜州《か》に侵攻し、唐側守備軍の司令官を殺害した。そこで、唐の朝廷は、張守珪という人物を後任の司令官に任命して瓜州に派遣した。

張守珪は、赴任後、まず住民を指揮して城壁の修復にとりかかったが、完成しないうちに、またもや吐蕃が侵攻をくわだててきた。このままでは、とうてい守りきることができない。城内の人々は、あわてふためくだけで、戦うどころではなかった。このとき、張守珪は、

「多勢に無勢なうえ、備えもない。これでは、武力で対抗できない。ここはひとつ謀略を使って敵を退散させよう」

こう言って、城壁の上に酒宴の用意を命じ、楽隊の伴奏つきで、ドンチャン騒ぎを

演じさせた。

吐蕃の軍はこれを見て、きっと城内に伏兵がいるにちがいないと疑い、そのまま囲みを解いて引きあげた。

第三十三計　反間計《はんかんけい》

●反間の計

疑中ノ疑ナリ。コレニ比スルコト内ヨリスト八、自ラ失ワザレバナリ。

あくまでも敵を疑心暗鬼におとしいれて判断をまどわす。なかでも効果的なのは、相手の諜報員《ちょうほういん》を逆用することである。これなら、労せずして勝利を収めることができる。

〈解説〉

「反間の計」とは、ニセの情報を流して敵を離間したり、敵の判断をまどわしたりする策略である。情報を流す場合、敵の諜報員を利用するのがもっとも効果的だとされる。

『孫子』によれば、敵の諜報員を利用するやり方にはつぎの二つの方法があるという。

一、敵の諜報員を買収して、ニセの情報を流させる。

一、わざと気づかないふりをしてニセの情報をつかませる。

こういうかたちで敵の諜報員を利用するのが、もっとも古典的な「反間の計」である。

劉邦の参謀陳平の「反間の計」

劉邦《りゅうほう》の軍が項羽《こうう》の大軍に包囲されて、大苦戦におちいったときのことである。参謀の陳平《ちんぺい》が劉邦に進言した。

「項羽に従っている剛直の士は、謀臣の范増《はんぞう》以下数人の部将にすぎません。そこでこのさい、黄金数万金を用意し、諜報員《ちょうほういん》を放って相手の君臣関係をバラバラにし、互いに疑心を生じさせるのです。感情的で中傷に乗りやすい項羽のこと、必ず内訌《ないこう》が起こります。それに乗じて攻めれば、必ず破ることができましょう」

劉邦は、よしと言って、さっそく黄金数万金を用意して陳平に渡した。

「これを使ってくれ。いちいち明細を報告する必要はない」

陳平はこの金をふんだんにばらまき、項羽の軍内に諜報員を送りこんでこんな噂《うわさ》を広めさせた。

「項羽の部将連中は、たいへんな功績を立ててきた。ところが、それに見合うだけの封地を与えられないものだから、項羽を見限って劉邦に内応しようとしている」

はたして項羽はこの噂にまどわされて部将連中に対する疑惑を深めた。

折から項羽は、劉邦のもとに使者を送ってきた。陳平は、使者のために豪華な宴席を設け、王たる者に供される鼎《かなえ》まで用意させた。そうしておいて、いざ使者の顔を見ると、さも驚いたように、

「なんだ、范増殿の使者かと思ったのに、項羽の使者か」

こう言って、用意した料理をすぐに運び去らせ、あらためて粗末な料理をもってこさせた。

項羽の使者は帰陣するや、このありさまをくわしく報告した。これで項羽はにわかに范増を疑い出し、范増がどんな策を進言しても、もはやとりあげようとしなくなった。

怒った范増は、項羽に見切りをつけて故郷に引きあげてしまった。

こうして陳平の「反間の計」にはまった項羽は、じわじわと劣勢に追いこまれていったのである。

岳飛も敵の諜報員を逆用した

宋《そう》代の将軍岳飛《がくひ》が朝廷の命を受けて嶺表《れいひょう》の賊を鎮撫《ちんぶ》したときのこと、賊の首領の曹《そう》成《せい》はなかなか命令に服さなかった。

岳飛の軍が賀州のあたりまで進んだところで、たまたま賊の諜報員《ちょうほういん》をとらえた。岳飛はその男をしばったまま天幕のあたりにころがしておき、天幕を出て、残りの軍糧の点検にかかった。担当官が答えた。

「軍糧は底を突きかけています。どうなさいますか」

「やむをえぬ。茶陵《さりょう》まで撤退しよう」

岳飛はわざとそう言いながら、ちらと諜報員に目をやり、しまったという表情をし、舌打ちしながら中に入った。そして、こっそり、あの者を放してやれ、と命じた。男が帰って首領の曹成に報告すれば、曹成は必ず安心して警戒を怠るにちがいない、という読みである。

男を釈放させると、岳飛はすぐさま食糧を準備させ、ひそかに出動を命じて谷あいを進んだ。そして夜明けまえ、賊の塞《とりで》に迫った岳飛は、相手の不意をついてどっと襲いかかり、さんざんに撃ち破ったのである。

相手の使者を逆用する

宋《そう》の太祖趙匡胤《ちょうきょういん》が南唐《なんとう》を討伐しようとしたときのことである。南唐の側に林仁肇《りんじんちょう》という有能な将軍がいて、かれが健在なうちは安心して軍を進めることができない。

そこで、一計を案じた趙匡胤は、まず林仁肇の従者に賄賂《わいろ》を贈って、ひそかにかれの画像を入手し、それを別室にかけておいた。そして、南唐の使者を引見したさい、その画像を見せて、

「これは、だれか知っておろうな」

とたずねた。使者が、

「わが国の林仁肇将軍でございましょう」

と答えたところ、趙匡胤は、

「仁肇は降服を申し入れてきた。そのあかしにこの画像を送ってきたのじゃ」

と語り、別棟の館《やかた》を指さしながら、

「あれを仁肇に与えて住まわせるつもりでいる」

とダメを押した。

使者は帰国してその旨を王に報告した。すると王はそれが相手側の離間工作だとも知らず、林仁肇に毒薬を与えて死を命じた。

趙匡胤は、画像を小道具に使い、相手の使者を逆用することによって、首尾よく目的を達したのである。

第三十四計　苦《く》肉《にく》計《けい》

●苦肉の計

人、自ラ害セズ、害ヲ受クレバ必ズ真ナリ。真ヲ仮《イツワ》リトシ仮リヲ真トセバ、間以《モ》ッテ行ナウヲ得ン。童《ドウ》蒙《モウ》ノ吉トハ、順ニシテ巽《ソン》ナレバナリ。

わざわざ自分からすすんで自分の体を傷つける者はいない。傷ができるのはみな人のせいである。それを逆手にとって、わざと自分で傷をつけておいて人からされたように信じこませることができれば、離間の計を成功させることができる。ただし、それを敵に信じこませるためには、演技が真に迫っていなければならない。

〈解説〉

「苦肉の計」とは、わが身を痛めつけて敵を信用させ、反間活動を成功に導く策略である。敵を信用させるためには、味方まであざむく非情さが要求される。『三国志演義』によれば、赤壁《せきへき》の戦いにさいし、呉《ご》の部将黄蓋《こうがい》がこの策を採用したとされるが、これはフィクションらしい。しかし、この策も古来から実戦のなかでしばしば採用されて成功をおさめてきた。

黄蓋の「苦肉の計」

三国時代、呉の将軍周瑜《しゅうゆ》の率いる水軍が赤壁の地で曹操《そうそう》の大軍を迎え撃ったときのことである。対岸にもやいしている曹操の大艦隊を見て、部将の黄蓋が周瑜に進言した。

「いま、敵は大軍なのに、味方の兵力はあまりにも少ない。このままでは長くもちこたえることができません。しかしながら、対岸に停泊している敵の艦船は、へさきとともが接続しております。あれなら、焼き打ちをかければ撃退することができますぞ」

「よし、それにきめた」

さっそく黄蓋は、数十隻の船を調達して、焼き打ちの準備にかかった。それと同時に、ひそかに周瑜とはかって、焼き打ちを成功させるための策を二つ講ずる。

一つは、曹操のもとに密使を送って降服を申し入れたのである。しかし、それだけでは相手を信用させることができない。そこで採用されたのが、「苦肉の計」だった。黄蓋は、作戦会議の席で降服論を主張してゆずらず、周瑜の怒りを買って百叩《たた》きの刑に処された。肉はさけ、背は血まみれで、陣屋にかつぎこまれたときには、気を失っていたという。

そのありさまは、呉軍の陣屋にもぐりこんでいた諜報員《ちょうほういん》によって、曹操のもとにもたらされた。初め、黄蓋の降服申し入れに半信半疑だった曹操も、これで、ようやく信ずる気になった。

この結果、曹操は、黄蓋の船団が接近したとき、降服してきたものと信じこんで警戒を怠り、やすやすと焼き打ちの計を許してしまったのである。

これが、『三国志』で有名な赤壁の戦いのハイライトであるが、「苦肉の計」だけは正史に記録されていない。小説の作者の創作であった可能性が大きい。

李雄の「苦肉の計」

南北朝時代のことである。後蜀《こうしょく》の李雄《りゆう》は、晋《しん》の羅尚《らしょう》の軍に攻めこまれたとき、朴泰《ぼくたい》という臣下に旨をふくめて、さんざんに鞭打《むちう》った。朴泰はその足で羅尚のもとにかけこみ、ひどい傷あとを見せながら、

「李雄には恨みがある。ついては城内から内応したい。火の手があがったら攻めこまれるがよい」

と申し入れた。

これを信じた羅尚は、配下の部将に全兵力をさずけ、朴泰に従って総攻撃をかけるように命じた。一方、李雄は、道の側《そば》に伏兵をおき、相手の攻撃をいまや遅しと待ちかまえている。

朴泰は、縄ばしごを伝って城内に入り、火の手をあげた。羅尚の軍がいっせいに城壁にとりつくところ、朴泰は縄ばしごを使って引きあげ、百余人を斬《き》り捨てた。

李雄は全軍に出撃を命じ、内外から挟撃して、さんざんに羅尚の軍を撃ち破った。

重臣を殺した武公

「苦肉の計」は、自分の体を痛めつけるのが基本形であるが、必ずしも、体にこだわる必要はない。要するに、自分の大事にしているものを犠牲にして相手の判断をまどわすことができれば、それで「苦肉の計」は成り立つのである。たとえば、つぎの話なども、立派な「苦肉の計」と言ってよい。

昔、鄭《てい》の武《ぶ》公が胡《こ》を討伐したときのことである。かれはまず自分の娘を胡の王にやって機嫌をとっておき、それから臣下にたずねた。

「私は戦争をしたい。どの国を相手にしたらよいか」

重臣の関其思《かんきし》が答えた。

「胡がよろしいと思います」

「胡は親類の国ではないか。それを攻めろとは何事だ」

武公は、かんかんに怒って、関其思を殺した。

胡の王は、それを伝え聞くと、すっかり安心して鄭への備えを解いてしまった。その虚をついて鄭は胡を攻め取った。

第三十五計　連環計《れんかんけい》

●連環の計

将多ク兵衆《オオ》クバ、以《モ》ッテ敵スベカラズ。ソレヲシテ自ラ累《ツカ》レシメ、以ッテソノ勢イヲ殺《ソ》グ。師ニ在リテ中スルコト吉ナリトハ、天寵《テンチョウ》ヲ承《ウ》クレバナリ。

敵の兵力が強大なときは、正面から戦いを挑んではならない。まず、謀略を使って敵同士を牽制《けんせい》せしめ、相手の力を弱めることが肝要である。味方の将帥が、たくみに謀略を駆使すれば、勝利を収めることができる。

〈解説〉

「連環の計」とは、敵が互いに足の引っぱり合いをするように仕向け、行動力をにぶらせてから攻撃する策略である。はじめの計略で敵を神経的にまいらせ、つぎの計略で攻撃を加える。このように、一次、二次と二つ以上の計略を組み合わせながら、まず消耗させ、ついで撃滅するのが、「連環の計」である。

あざやかな一本勝ちをねらうのではなく、まず相手の動きを封じ、そのうえで仕留めるところに、この策略の特徴がある。

龐統の「連環の計」

小説の『三国志演義』によれば、赤壁《せきへき》の戦いのとき、龐統《ほうとう》という劉備《りゅうび》側の軍師がいつわって曹操《そうそう》に接近し、この計を進言したといわれる。この戦いに先だって、水上生活に不慣れな曹操軍団では疫病に苦しむものが続出し、これには曹操もホトホト頭を痛めていた。それに目をつけた龐統は、水上の艦船を「連環」のように鎖でつなぎ、その上に板をしきつめれば、陸上と同じように生活できる、とことば巧みにもちかけた。

曹操はこれにとびつき、その結果、黄蓋《こうがい》の焼き打ちの計を許してしまった。

艦船を「連環」のようにつなぎ合わせれば、たしかに陸上と同じように生活できたかもしれない。しかし反面、艦船としての機能がまったく失われ、自由に行動することができなくなる。龐統が「連環の計」をすすめたねらいも、じつはそこにあった。相手を行動不自由な状態に追いこみ、そのうえで撃つ、これが、龐統の「連環の計」だったのである。

優勢な敵を破る法

宋《そう》王朝は強大な金《きん》軍の侵攻を受け、しばしば苦杯を喫して劣勢に立たされていた。しかし、なかには巧みな策略を使って優勢な金軍を撃ち破った将軍もいる。たとえば、畢再遇《ひつさいぐう》という将軍などもその一人だった。

かれの戦い方はこうである。金軍と対陣したとき、まず相手が進むと見れば退き、退くと見れば進み、正面決戦を避けながら、遊撃戦術で相手の疲れをさそった。

こうしておいて夕闇が迫るころ、あらかじめ香料を使って煮こんでおいた豆を地上にばらまき、そのうえで再度、誘いの戦いをしかけ、しばらくしてわざと敗れたふりをして後退した。

敵はすかさず追撃する。しかし、明け方からの戦いで、金軍の馬は飢えていた。豆の香りをかぐと、みな夢中になってとびつき、鞭《むち》でひっぱたいても、動こうとしない。

これを見た畢再遇は、反転して猛反撃に移り、さんざんに金軍を撃ち破ったのである。

これもまた「連環の計」と言ってよい。

機敏な対応能力

「先ンズレバ人ヲ制ス」という。項梁《こうりょう》、項羽《こうう》が反秦《はんしん》の兵を挙げたときに発したことばだといわれる。たしかに「先着の利」のあることは否定できない。なにを始めるにしても、先に着手すれば、人よりも優位に立つことができる。

だが、先制することは必要条件ではあるが十分条件ではない。問題は、二の矢、三の矢である。これが続かなければ、せっかく相手をぐらつかせても、仕留めることができない。ボクシングで、よくワン・ツー・パンチという。ワンだけで終わったのでは、相手にダメージを与えることができない。二つ、三つと、連続してたたみかけてこそ、ノック・アウトに結びつけることができるのである。

できれば、先制攻撃をかけるとき、あらかじめ二段構え、三段構えの作戦を用意しておくことが望ましい。だが、図上演習をいくら積みかさねても、それだけでは不十分である。頭の中で組み立てられた作戦計画を生かすためには、機敏な対応能力を備えていなければならない。そしてそのために必要とされるのが、柔軟な思考である。思考が硬直していたのでは、外界の変化に対応できず、二の矢、三の矢を有効に発することができない。

第三十六計　走為上《そういじょう》——●走《に》ぐるを上と為《な》す

全師、敵ヲ避ク。左《シリゾ》キ次《ヤド》ルモ咎《トガ》ナキハ、イマダ常ヲ失ワザルナリ。

全軍退却して敵の攻撃を避けるのである。情況によってはあえて撤退することも辞さない——これもまた用兵の鉄則である。

〈解説〉

「走為上」とは、戦いを避けるのが最善の策略だという考え方である。もともと中国の兵法書には、当たって砕けろ式の玉砕戦法はない。勝算のないときは戦ってはならないというのが、基本的な認識である。

たとえば『孫子』には、

「兵力劣勢なら退却し、勝算がなければ戦わない」

とあるし、『呉子』にも、

「有利と見たら攻撃を加え、不利と見たら退くことが肝要だ」

とある。

こんなことは当たりまえのことだと思うかもしれないが、ムチャな戦いをしかけて敗北した例は古今の戦史にかぞえきれないほど多い。

そもそも凡庸な将帥ほど、進むことを知って退くことを知らないものだ。そんな人物を、中国人は「匹夫《ひっぷ》の勇」と呼んで軽蔑《けいべつ》する。将帥や組織の責任者に望まれるのは、進む勇気ではなく、退く勇気なのである。

では、退くことには、どんなメリットがあるのか。第一に、勝てはしないが、敗れることもない。つまり、打撃を避けることができる。第二に、戦力を温存して、つぎの戦いに備えることができる。つまり、逆転勝利も夢ではない。

劉邦の逃げ逃げ戦略

なにか大きなことをやりとげた人物は、みな逃げ足が早く、逃げ方が巧みだったと言ってよい。項羽《こうう》を滅ぼして天下を手中におさめた漢《かん》の劉邦《りゅうほう》も、その一人だった。劉邦が項羽の覇権に挑戦した当初は、いつも項羽の精強な軍団に押しまくられて苦杯を喫し、負け戦ばかり続いた。このころの劉邦は、けっしてムリな戦いをしていない。ダメだと見るや、さっさと逃げ出して、項羽の鋭鋒《えいほう》を避けている。だから、戦線をもちこたえるのがやっとという状態が続いた。

むろん劉邦は、ただ逃げまわっていたわけではない。戦術的には敗れながら、同時に、

一、補給の確保

一、包囲網の完成

など、長期的な視野に立って、幾つもの手を打っている。

こうして、二年、三年ともちこたえているうちに、いつのまにか優位に立ち、逆転勝利を収めたのである。劉邦の勝利は、不利な戦いを避けて逃げまわっていたことに

よってもたらされたのだった。

曹操の鶏肋作戦

小説『三国志』において、魏《ぎ》の曹操《そうそう》は典型的な悪玉に仕立てあげられているが、実像のかれは、この時代きっての傑物であった。第一に曹操は戦争が強かった。ライバルの劉備《りゅうび》が生涯勝率二割以下にとどまっているのに対し、曹操のほうは八割近い高いアベレージをあげている。

曹操の戦い方には、幾つかの特徴があった。

一、『孫子』などの兵法書をよく研究して戦略戦術の原則をマスターし、かつ、臨機応変の運用に巧みだった。

一、かりに敗れたとしても、必ず負け戦から教訓を引き出し、二度と同じ負け方をしなかった。

一、これ以上攻めても勝てないと判断したときは、ためらうことなく撤退し、逃げ足も早かった。

たとえば、こんな話がある。

漢中で劉備と死闘を演じたときのこと、このときばかりは劉備も要害に布陣して懸命に守りを固めていたので、めずらしく曹操側が苦戦におちいった。このままではいたずらに傷口を広げるだけだ、と判断した曹操は、ある夜、参謀たちを集めて、

「鶏肋《けいろく》だ、鶏肋だ」

と、どなった。だが参謀たちにはその意味がわからない。ところが楊脩《ようしゅう》という参謀だけが、さっさと引きあげの仕度にかかった。他の者がわけを聞くと、楊脩はこう答えた。

「鶏肋、つまりニワトリのガラというのは、捨てるにはもったいないが、食べようとしたって肉はない。漢中という所はそんなものだというわけさ。これは撤退だと、ピンときたよ」

曹操はまもなく漢中を放棄して都に帰還した。そして、それを残念がるどころか、軍を全うして帰還できたことを喜んだという。漢中を領有することの価値と、それを手に入れるための損害を秤《はかり》にかけて、撤退の道を選んだのである。

こういう戦い方も曹操の持ち味の一つだった。

上手な逃げ方を身につけよう

かつてわれわれ日本人は、「敵に背中を見せるのは卑怯《ひきょう》だ」、「逃げるのは意気地なしだ」といった思想を叩《たた》きこまれて育った。今どき、あからさまにこんなことを言う人は少なくなったが、それでもわれわれのメンタリティーのなかには逃げるのは恥だとする思想がこびりついているように思われる。現にわれわれは逃げることに習熟していないし、一般的に言って逃げることが下手である。

その点、中国人は逃げるのが得意である。情況が不利だと見ると、まず逃げることを考える。ひとまず逃げて戦力を温存し、じっくりと巻き返しをはかろうとする。これが中国人の発想だと言ってよい。

このちがいは、どこからきたのか。もっとも大きな原因は、スペースのちがいにあるように思われる。

中国の国土はなんといっても広い。何万、いや何十万の軍隊でも、身をかくす所にこと欠かなかった。その気になれば、いくらでも逃げのびることができるのである。そういう所では、逃げるのもまたきわめて有効な戦略となるのだ。

その点、日本のような狭い国土のなかでは、逃げたいと思っても、逃げることができない。何万の軍隊どころか、国定忠治のようなたった一人の逃亡者でも逃げきることができなかった。逃げきることができないとなれば、どうしても「乾坤一擲《けんこんいってき》、当たって砕ける」という戦い方にならざるをえない。

むろん、「当たって砕ける」戦い方にも、メリットはある。全軍の力を発揮して思わぬ大勝を博することもあるから、いちがいに否定はできない。だが、いつもいつもうまくいくとはかぎらない。往々にして、全軍玉砕などという負け戦になってしまう。玉砕してしまったのでは、再起など望むべくもない。

乱世を生き残るためには、やはり攻めるときには攻めるが、逃げるときには徹底的に逃げまくる、こういう賢明な生き方を身につける必要がある。

本書は、竹井出版より刊行されたものを、
文庫収録にあたり、大幅に加筆しました。

守屋　洋（もりや・ひろし）

1932年、宮城県生まれ。東京都立大学中国文学科修士課程修了。現在、中国文学の第一人者として著述、講演等で活躍中。

主な著書に、『中国古典「一日一話」』『「孫子の兵法」がわかる本』*『孫子の兵法』*『〈図説〉三国志がよくわかる事典』*、監修に『早わかりコミック三國史』*（以上、三笠書房刊、*印《知的生きかた文庫》）、『勝つためにリーダーは何をなすべきか～中国古典の名言に学ぶ』『男の器量　男の値打ち』『「老子」の人間学』『新釈韓非子』など多数がある。

知的生きかた文庫

兵法三十六計《へいほうさんじゅうろっけい》

著者　守屋《もりや》　洋《ひろし》

発行者　押鐘太陽

発行所　株式会社三笠書房

〒一〇二-〇〇七二　東京都千代田区飯田橋三-三-一

電話〇三-五二二六-五七三四〈営業部〉

〇三-五二二六-五七三一〈編集部〉

http://www.mikasashobo.co.jp

印刷　誠宏印刷

製本　若林製本工場

ISBN978-4-8379-7418-5 C0130